硼氢化钠及其
新能源氢气的制造

钱 烽 张国光 尹嘉琦
李洪岭 刘述平 郑学家 编著

北 京
冶金工业出版社
2018

内 容 简 介

本书主要介绍了硼氢化钠的国内外发展状况、合成工艺及产品规格、储氢制氢技术、硼氢化钠及其制氢产业化、硼氢化钠分析测试方法、硼氢化钠发展前景、硼氢化钠工业卫生及其物理化学性能和其他硼氢化盐储氢制氢研究等。

本书可供从事硼氢化钠及其新能源氢气研发与制造的科研人员、技术人员阅读，也可供大专院校相关专业师生参考。

图书在版编目(CIP)数据

硼氢化钠及其新能源氢气的制造/钱烽等编著．—北京：冶金工业出版社，2018.1

ISBN 978-7-5024-7648-9

Ⅰ.①硼…　Ⅱ.①钱…　Ⅲ.①硼化合物　②制氢　Ⅲ.①O613.8　②TE624.4

中国版本图书馆 CIP 数据核字(2017)第 259792 号

出 版 人　谭学余

地　　址　北京市东城区嵩祝院北巷 39 号　邮编　100009　电话　(010)64027926

网　　址　www.cnmip.com.cn　电子信箱　yjcbs@cnmip.com.cn

责任编辑　李培禄　美术编辑　彭子赫　版式设计　孙跃红

责任校对　郑　娟　责任印制　李玉山

ISBN 978-7-5024-7648-9

冶金工业出版社出版发行；各地新华书店经销；三河市双峰印刷装订有限公司印刷

2018 年 1 月第 1 版，2018 年 1 月第 1 次印刷

169mm×239mm；7.25 印张；139 千字；106 页

50.00 元

冶金工业出版社　投稿电话　(010)64027932　投稿信箱　tougao@cnmip.com.cn

冶金工业出版社营销中心　电话　(010)64044283　传真　(010)64027893

冶金书店　地址　北京市东四西大街 46 号(100010)　电话　(010)65289081(兼传真)

冶金工业出版社天猫旗舰店　yjgycbs.tmall.com

前　　言

虽然远在19世纪末至20世纪初就有化学家开始研究硼氢化合物，但一直到1912年，德国化学家Stock发明了在高真空中制备挥发物的技术才制成了丁硼烷，接着得到一系列的硼烷。Stock为硼烷化学的发展奠定了基础。他把1933年以前的研究成果都总结在一部书中，书名是《硼和硅的氢化物》（Hydrides of Boron and Silicon）。

所谓硼的双氢化合物如硼氢化钠，它是一种极为重要的金属硼氢化合物。20世纪40年代以来，硼氢化钠一直是制造二硼烷的重要原料，它又以当时作为火箭推进剂而著名。硼氢化钠是已经商品化的重要还原剂，多年来它的用途也在逐渐扩大，如作为高效纸漂白剂等。

由于硼氢化合物特殊的化学性质和特殊的化学结构，所以化学家们在原子价学说领域发现存在新的问题，但是直到1946年左右这类化合物才找到了实际用途。近几年来硼氢化合物已投入工业化生产，在高能燃料方面得到了应用。

本书是作者多年来在科研和实际工业生产中积累的大量数据资料、科技信息文献资料和实践经验的基础上编写的。本书的编写我们先后酝酿了多年。本书内容主要包括两大部分。一是硼氢化钠在诸多硼化物中的重要性、它的特性及合成工艺；二是硼氢化钠制取氢气的技术及产业化。书中所引用的硼氢化钠及其储氢和制氢产业化资料均为国内的实际数据。

本书由钱烽、张国光、尹嘉琦、李洪岭、刘述平（中国地质科学院矿产综合利用研究所）、郑学家编著。担任本书审稿的是辽宁省石油化工信息中心原主任、原全国硼化物协作组理事长、教授级高级工程师张吉昌。在此向关心和支持本书出版的人们，表示深切的谢意！

本书可能存在许多不足之处，恳请读者批评指正。

郑学家

于大连小平岛

2017 年 10 月

目 录

1 硼氢化钠发现简史及国内外发展状况

虽然远在19世纪末~20世纪初就有化学家开始研究氢化合物，但一直到1912年，德国化学家Stock发明了在高真空中制备挥发物的技术才制成了丁硼烷，接着得到一系列的硼烷。Stock为硼烷化学的发展奠定了基础。他把1933年以前的研究成果都总结在一部书中，书名是《硼和硅的氢化物》(Hydrides of Boron and Silicon)。

所谓硼的双氢化合物如硼氢化钠，它是一种极为重要的金属硼氢化合物。20世纪40年代以来，硼氢化钠一直是制造二硼烷的重要原料，它又以当时作为火箭推进剂而著名。它是已经商品化的重要还原剂，多年来它的用途逐渐扩大，如作为高效纸漂白剂等。

由于硼氢化合物特殊的化学性质和特殊的化学结构，所以化学家们在原子价学说领域发现存在新的问题，但是直到1946年左右这类化合物才找到了实际用途。近几年来，硼氢化合物已投入工业生产，在高能燃料方面得到应用。

美国的Burg（1942年）发现的硼氢化钠随着高能材料（硼烷）的发展需用量增加很快。

西欧各国20世纪中末期硼氢化钠消耗量约在2500万吨/年。据不完全统计，我国目前硼氢化钠生产量在4000t/a左右。产品主要是水溶液，也有固体产品。主要用处是还原剂（制药），几乎所有的激素都需要硼氢化钠作还原剂。硼氢化钠应用在造纸行业，为新型漂白剂，国内应抓住这个潜在的市场。另外，硼氢化钠作为新的氢气源还有远大的发展前景。

硼氢化钠$NaBH_4$是一种已经商品化的还原性的硼化物。它是一种有选择用途和特殊效果的强还原剂，极大鼓励着美国对硼氢化钠的制造及各种性质的研究，从20世纪40年代以后对它的各种情况进行讨论。它是制造二硼烷和其他硼氢化物的重要原料，曾作为火箭推进剂。最佳的生产路线是氢化钠与三甲基硼酸盐相互反应。反应分为两步进行：第一步，非常细的钠分散在矿物油中氢化，接着和硼酸酯在250~270℃反应，然后由液氨萃取分离；第二步，由氢氧化钾沉淀而转化为硼氢化钾。除了以固体形式使用以外，使用含有9%硼氢化钠的碱性溶液也是有效的。它的商品名称为“Boroeon”。在有机合成（即药品工业）中小批量使用硼氢化钠作为还原剂。

目前硼氢化钠在国外广泛应用于造纸行业，据美国罗门哈斯公司和芬兰化学公司报道，国外50%以上的硼氢化钠用在纸浆漂白上，我们预计仅北美地区用量就在1.8万~2万吨/年，而国内主要应用在甾酮类化合物的立体选择性还味剂、抗生素的合成，如氯霉素、双氢链霉素、甲砜霉素、维生素A以及前列腺素、阿托品、东莨菪碱和香料等的生产，其大概占据需求的87%。目前我国每年硼氢化钠的需求量为3000~4000t，每年仍需进口800~1000t，预计国内未来硼氢化钠产能将会有较大幅度增长，以适应需求量日益增长的需要。

随着我国医药行业的发展，硼氢化钠需求也出现大幅增长，2003~2006年其复合增长率已经达到67%，随着未来高档纸浆需求的增加，以及氢燃料电池行业的发展，硼氢化钠需求增速维持在15%~20%，2015年需求量突破了1万吨（见图1-1）。这个产品的应用展示了可喜的前景。

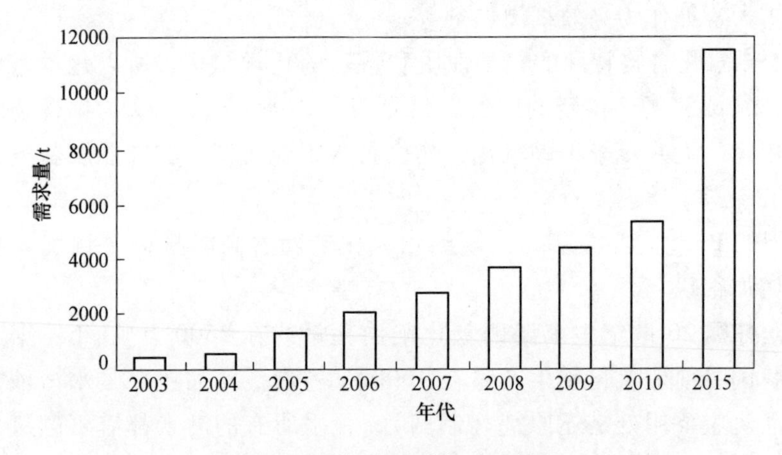

图1-1 硼氢化钠需求变化情况

美国早期的硼氢化钠是Metal Hydeides公司生产量大，后来美国较大的生产公司主要是凡特朗（Ventrion）公司。

硼氢化钠储氢量高，残液可循环应用，有望成为未来质子交粪蔟燃料电池主要应用原料。国际能源署指出：实用的储氢系统必须达到5%（质量分数）及62kg/m^3（体积储氢量）指标。硼氢化钠自身储氢质量分数为10.6%，在释放氢气时，$NaBH_4$使水成为氢源，其理论储氢质量分数达

21.2%。在实际应用中，以 35% 的硼氢化钠碱溶液为例，其储氢效率达 7.4%，体积储氢量达 $78kg/m^3$，通过改变储存条件可以进一步提高其储氢质量分数接近其理论值 21.2%，目前已成为质子交换膜燃料电池 PEMFC 的重要储氢原料。

硼氢化钠制氢原理是：

$$NaBH_4 + NaBH_4 + 2H_2O \longrightarrow NaBO_2 + 4H_2 + 300kJ$$

对于残液 $NaBO_2$，目前采用电化学方法，无须引入还原剂，$NaBO_2$ 在阴极还原得到 $NaBH_4$，实现 PEMFC 的循环应用，后期有望实现电流效率达到 60%以上，$NaBO_2$ 回收率达到 80%以上，$NaBH_4$ 应用综合生产成本降低 20%以上。应用 PEMFC 的“Hvdrogen on Deman”系统已经嫁接于戴姆勒-克莱斯勒、标致-雪铁龙公司的燃料电池汽车上，并与美国 Protonex Technology Corpotation 公司 PEM 燃料电池系统相匹配，为美国军队开发了新一代电源。随着该项技术大规模工业化应用的逐步成熟，未来新型燃料电池对硼氢化钠的需求有望快速增长，成为需求的主推动力。

硼氢化钠双氢化物氢气发生量：

双氢化物	氢气发生量/$L \cdot kg^{-1}$
$NaBH_4$	2370
$LiBH_4$	4130
$LiAlH_4$	2369
$Al(BH_4)_3$	3761
LiH	2820
CaH_2	1064

如上所述，硼氢化钠的工业用途是作为药物、染料和其他有机合成产品烯烃聚合的催化剂、还原剂，用于木材纸浆和黏土漂白的硼氢化钠消费量正在增长。硼氢化钠也可用作火箭燃料添加剂，制取泡沫塑料的发泡剂，皮革生产的漂白剂，还可用于脱除污水中的重金属（铅、汞）。硼氢化钠具有较强的去污特性。

20 世纪中末期，国外如美国硼氢化钠生产量约有几千吨，其中 90%是由凡特郎公司（Ventro Corp.）生产的，德国的拜耳公司（Bayer AG Corp.）也有少量生产。产品主要以稳定的氢氧化钠水溶液出售。固体硼氢化钠用包装在金属容器内的聚乙烯袋装运。在工艺路线上，德国较早开发了第二种生产方法，相继日本也采用了这种工艺。日本的生产厂家有川岩、茂岛公司等。德国早在 60 年代就用这种工艺建立了年产 40t 的生产装置。而美国主要是采用第一种工艺。

德国固体物产品规格为：硼氢化钠含量 96%~99%。美国水溶液产品规格为：$NaBH_4$ 含量 9%，$NaBO_2$ 含量 17.1%，其他为大量的 CaO 和 CaH_2。其中精制品规格为：$NaBH_4$ 含量 99.2%，$NaBO_2$ 含量 0.8%；液体硼氢化钠（商品名 SWS）水溶液规格为：$NaBH_4$ 含量 9%，苛性钠含量 30%。

2 硼氢化钠特性及合成制取工艺

2.1 硼氢化钠特性

化学名：硼氢化钠（俗名钠硼氢）。分子式：$NaBH_4$。相对分子质量：37.83。物化性质：白色结晶粉末或颗粒，吸湿性强，溶于水并分解释放出氢气，在酸性条件下分解相对较快，在碱性条件下相对稳定。质量标准：$NaBH_4$ 含量不小于98.0%。

$NaBH_4$ 是碱金属硼氢化物的代表，并且是最重要的硼氢化物之一。

金属硼氢化物的分子中含有很大比例的氢原子，在不便于应用压缩气体时，它是氢气的一种方便的来源。所有的硼氢化物与水反应都可生成硼氢盐与氢：

$$BH_4^- + 2H_2O = BO_2^- + 4H_2 \uparrow$$

硼氢化物的还原能力与硼氢离子 BH_4^- 所结合的金属离子的特性有很大关系，通常随金属电负性的增加而增强。不同硼氢化物挥发、热稳定、氧化及水解等性质的差异是很大的。其热稳定性和氧化的难易程度，大致随金属的电负性增加而下降。

$NaBH_4$ 为白色结晶粉末，相对密度1.074，熔点505℃，在干燥空气中当温度达到300℃或在真空中达400℃时仍是稳定的，不会挥发。硼氢化钠易溶入水。

硼氢化钠的水解作用与温度和溶液的 pH 值关系很大，故能从冷水中以 $NaBH_4 \cdot 2H_2O$ 形式部分回收；但在100℃时几分钟内就能完全水解。

2.2 制取工艺概述

2.2.1 氢化钠硼酸酯法

在无溶剂存在时，氢化钠与气态硼酸三甲酯反应生成 $NaBH_4$ 和甲醇钠。这一过程需严格控制温度，使用高沸点分散的氢化钠在油介质中与硼酸三甲酯反应，可减小温度的波动。水解甲醇钠蒸馏出甲醇，得到含12% $NaBH_4$ 和

40%NaOH的碱液，以液氨或异丙醇萃取得固态产品。该工艺在美国、日本及我国有不同程度的工业化应用。在四氢呋喃等溶剂中，硼酸三甲酯与氢化钠反应生成三甲氧基硼氢化钠，它在溶液中发生歧化反应，生成不溶的 $NaBH_4$ 及可溶的四甲氧基硼酸钠，在一定条件下，产率可达99.5%，而硼酸三甲酯与氢化钠按化学计量投料时，产率只有54%。四甲氧基硼酸钠与活性铝及氢气在二缩乙二醇二甲醚中反应也能生成 $NaBH_4$。

近年来该方法又有新发展，用烷基硼、硼酸酯等与铝粉、金属钠在一定氢气压力下反应亦可得到 $NaBH_4$。B(Ⅲ)与 H^- 比Al(Ⅲ)与 H^- 有较强的结合力，由 $NaAlH_4$ 与烷基硼或硼酸酯进行复分解可制得大晶粒、高纯度的 $NaBH_4$。

2.2.2　三卤化硼与氟硼酸钠法

在加热时，氢化钠在烷氧基钠、硼酸三甲酯、烷基硼烷及烷基铝作用下与三氟化硼反应生成 $NaBH_4$。三氯化硼的胺合物、醚合物与氢化钠反应生成 $NaBH_4$。在合适的条件下可用气态三氟化硼或三氯化硼。另外，钠、氢气和三氟化硼或氢化钠、氢气和氟硼酸钠分别在惰性介质中反应亦可生成 $NaBH_4$。

2.2.3　硼烷或有机硼法

用硼烷类原料可通过多种反应得到 $NaBH_4$，如在惰性溶剂中，氢化钠与烷基硼烷反应可生成 $NaBH_4$，乙硼烷与三甲氧基硼氢化钠、甲醇钠、四甲氧基硼酸钠反应亦可生成 $NaBH_4$。

2.2.4　氧化硼、磷酸硼及硼酸盐法

在不锈钢球磨反应器内，氢化钠与活性氧化硼在高于300℃下反应生成 $NaBH_4$ 和偏硼酸钠，产率可达80%。但在反应过程中，19.5%的氢化钠消耗掉而没有转化为 $NaBH_4$。氧化硼的粒度对产率有较大影响。当氧化硼、氢化钠与石英砂在450℃和0.4MPa下反应时，产率达92.5%。磷酸硼在高沸点矿物油中与氢化钠在280℃下反应，生成 $NaBH_4$ 及磷酸钠，产率为50%。偏硼酸钠与氢化钙在3MPa、450℃下发生反应，生成 $NaBH_4$ 及氧化钙，产率达89.2%。

该方法又发展成偏硼酸钠与铝在100℃、10MPa氢气压力下反应生成 $NaBH_4$ 及氧化铝。以硼砂为原料合成 $NaBH_4$ 最初被德国Bayer公司采用，故该方法又称为Bayer法。当硼砂与氢化钠摩尔比为1∶2时，在0.3~1.3kPa

压力及400~410℃温度下反应，产率可达90%以上。尽管硼砂的利用率低，但却有反应温度低、压力小及反应时间短等特点。当硼砂与氢化钠摩尔比为1∶16时，在相同条件下反应时产率相当低。硼砂与钠和氢气反应亦生成$NaBH_4$。为了提高的$NaBH_4$产率，向体系中加入二氧化硅，可使生成的氧化钠转化为硅酸钠。

该工艺的物料消耗标定为硼砂（工艺品）3.4t/t，金属钠（工业级）3.47t/t，氢气（工业级）300瓶（小型），石英砂（工业级）3.97t/t。

在工业生产中，该反应分两步进行，首先令$Na_2B_4O_7$与SiO_2在高温下生成硼硅酸盐熔体，再令熔体与金属钠、氢气在400~500℃下反应，将产物在一定压力下用液氨抽提$NaBH_4$，蒸出氨得$NaBH_4$，产率可达93%。除此之外，也可以首先让无水硼砂与钠在300℃、0.4MPa下氢化，再将生成的氢化钠与无水硼砂的混合物与石英砂在450℃、0.4MPa氢压下反应。该反应合成$NaBH_4$的产率较高，但反应所需的压力要求高性能的设备。如在特制的反应釜内，以无水硼砂、石英砂、钠和氢气于350℃左右、常压下反应，$NaBH_4$的产率达90%。石英砂的粒度对产率有较大影响，石英砂粒度过大时反应速度慢，石英砂粒度小时反应速度加快，但当粒径小于60μm时，石英砂被还原成棕色无定形硅。

在上述反应中，CaB_4O_7、$NaCaB_5O_9$、$NaBO_2$、CaB_6O_{11}可代替无水硼砂；铝或硅可代替部分钠，同时作为氧化钠的结合剂。在0.4MPa、500℃时，无水硼砂与铝粉及钠发生反应，有较高的产率。在高于3MPa、420℃时，硅与无水硼砂和钠按以下反应式进行：

$$3NaB_4O_7+23Na+7Si+24H_2 = 12NaBH_4+7Na_2SiO_3$$

2.2.5 金属氢化物法

有人研究了一种在室温下由MgH_2与$Na_2B_4O_7$在钠的化合物作催化剂的条件下，用球磨法制备$NaBH_4$的方法。它是用氢化镁高温制备$NaBH_4$的方法，在7MPa、550℃下$NaBH_4$的产率为97%。近年来国外还开发了通过加入还原剂，如MgH_2、MgSi、C和CH_4等制备硼氢化钠的工艺。

2.2.6 电解法

电解偏硼酸钠碱性水溶液亦可制备$NaBH_4$。该方法使用阳离子交换膜将电解池分隔为阴极室和阳极室。电解时，阴极产生新生态原子氢，这种原子氢还原偏硼酸根离子生成硼酸根离子，其优点是成本低，且无需使用大量的金属 Na。对这种方法中的关键材料阳离子选择隔膜的研究仍没有文献公开。国内外对该方法进行了大量的开发性研究工作，我国有的科研单位也对此工艺进行了开发研究。

2.2.7 机械和化学还原结合法

为了使反应在常温下即可进行，日本学者提出了加入还原剂后再通过球磨的方法。以向硼砂和 KBO_2 中加入还原剂 MgH_2 为例，反应方程式为：

$$Na_2B_4O_7+4MgH_2 \xlongequal{} 2NaBH_4+4MgO+B_2O_3$$

为了弥补钠的不足，加入 Na_2CO_3、NaOH 和 Na_2O_2 等钠盐，结果表明 Na_2CO_3 效果最好。该反应与反应物中水的含量有关，当 KBO_2 中水的质量分数超过 24.8%时反应不会发生。

2.3 硼酸三甲酯-氢化钠制取硼氢化钠工艺

在合成工艺上，本章将分别详细介绍国内外生产硼氢化钠的几种方法。

目前，硼氢化钠的工业生产方法主要有硼酸三甲酯-氢化钠法，该方法是国内外企业较为普遍采用的生产方法。国外企业采用的硼氢化钠生产方法见表 2-1。

表 2-1 国外企业采用的硼氢化钠生产方法

国外企业	生产方法
美国罗门哈斯公司（Rohm&Haas）	硼酸三甲酯-氢化钠法
美国 Mont Chem 公司	硼酸三甲酯-氢化钠法
美国 Eagle-Picher 公司	硼酸三甲酯-氢化钠法
荷兰化学公司	硼酸三甲酯-氢化钠法
德国拜耳公司	金属氢化还原法（拜耳法）
日本茂岛公司	金属氢化还原法（拜耳法）

硼酸三甲酯-氢化钠法以硼酸三甲酯为原料经与氢化钠反应而制得硼氢化钠。

2.3.1 工艺流程及产物性质

先用硼酸和甲醇反应合成硼酸三甲酯：

$$H_3BO_3+3CH_3OH \xlongequal{} B(OCH_3)_3+3H_2O$$

将金属钠分散于石蜡油中，通氢气合成氢化钠：

$$2Na+H_2 = 2NaH$$

然后硼酸三甲酯和氢化钠在石蜡油介质中合成硼氢化钠：

$$4NaH+B(OCH_3)_3 = NaBH_4+3NaOCH_3$$

一般工业上主要是用所谓的湿法生产硼氢化钠，整个工艺过程可分为以下四个步骤。

（1）酯化。在粗馏釜中加入经过计量的硼酸及甲醇，缓慢加热。在54℃全回流2h之后，开始收集硼酸三甲酯与甲醇的共沸液，控制温度在54~55℃，超过55℃时停止收集。在56~69℃温度下回收甲醇。粗馏残液可回收硼酸。共沸液在酸洗槽中用硫酸脱醇，然后进行精馏，得到较纯的硼酸三甲酯。精馏后的残液回收硼酸三甲酯和甲醇。

（2）氢化。在氢化釜中放入石蜡油，经搅拌、静置后，在温度低于100℃时将切成小块的金属钠投入石蜡油中，搅拌、升温。当温度升至200℃时，停止加热。通入氢气，与分散于石蜡油中金属钠进行反应，反应温度控制在300℃以下，温度若高于300℃，应向氢化釜中加入冷石蜡油调节。待反应完成后，停止通入氢气，金属钠基本上能全部转化成氢化钠。

（3）缩合。将氢化反应完成后的石蜡油料液送入缩合器，开动搅拌。加热至220℃时，开始加入硼酸三甲酯，这时温度明显上升，当温度上升至260℃时停止加热，加料进程中温度不应超过280℃。硼酸三甲酯加完后，继续搅拌使其充分反应。反应温度最好控制在275℃左右，反应完成后产率可达90%。将物料冷却至100℃以下，进行离心分离，得到硼氢化钠滤饼。分离出的石蜡油回收利用。

（4）水解。在水解器中加入经过计量的水，将上述硼氢化钠滤饼徐徐加入水解器中，加料时水温控制在50℃以下。加料完毕后温度升至80℃。这时发生如下水解反应：

$$NaBH_4+3NaOCH_3+3H_2O \longrightarrow NaBH_4+3NaOH+3CH_3OH$$

水解时甲醇钠分解成氢氧化钠和甲醇，溶液呈强碱性，水解温度稍高，硼氢化钠亦无明显分解。将此水解液离心分离，清液送入分层器中，静置1h后自动分层，下层水解液中含硼氢化钠和氢氧化钠，这种硼氢化钠碱性水溶液即可作为商品出售，其中硼氢化钠含量要求不低于5%。

湿法的主要技术经济指标为收率87.25%；消耗定额：金属钠2.786（t/t）；硼酸1.184（t/t），石蜡油0.426（t/t），甲醇3.298（t/t），氢气（9.8%）1.794m^3。

若要制取固体$NaBH_4$产品，可在硼氢化钠碱性水溶液中加入异丙胺

[$(CH_3)_2CHNH_2$]，在萃取器中将 $NaBH_4$ 萃取到有机相中。然后再在另一萃取器中用稀 NaOH 溶液反萃。异丙胺回收利用，碱液送去结晶。经过离心分离得到 $NaBH_4 \cdot 2H_2O$ 结晶体，母液回收利用。湿晶体干燥之后得到 $NaBH_4$ 固体产品，其纯度不应低于98%。

该法的优点是原料易得、工艺先进、流程短、后处理方便、不需消耗大量的有机溶剂、无三废污染等，但对设备要求较高，工艺条件不易控制。

该工艺所用的原料及中间产物的性质如表 2-2 所示。

另外，国外还有一种固相反应法，即氢化镁（MgH_2）在硼酸盐存在下，于高速球磨机中进行反应制取硼氢化钠的方法。

表 2-2　硼酸三甲酯-NaH 法主要原料及中间产物的性质

名　称	性　质
金属钠 分子式：Na 相对分子质量：23	银白色活泼的金属，极易被空气氧化成青灰色，相对密度 0.97 (20℃)，熔点97.83℃，沸点882℃，与水反应剧烈产生氢气，而氢气和空气混合极易爆炸起火
硼酸 分子式：H_3BO_3 相对分子质量：61.83	硼酸实际上是氧化硼的水合物（$B_2O_3 \cdot 3H_2O$），为白色粉末状结晶或三斜轴面的鳞片状有光泽结晶，有滑腻手感，无臭味。溶于水、乙醇、甘油、醚类及香精油中，水溶液呈弱酸性。第一个氢的离解常数 $K=6.4\times10^{-10}$(25℃)，0.1g 分子浓度的硼酸溶液 pH 值为 5.13。硼酸在水中的溶解度随温度升高而增大，并随水蒸气挥发，在无机酸中的溶解度要比在水中的溶解度小。加热至 70~100℃时逐渐脱水成偏硼酸，150~160℃时成焦硼酸，300℃时成硼酸酐（B_2O_3）。硼酸对人体有毒，内服影响神经中枢
甲醇 分子式：CH_3OH 相对分子质量：32	无色透明具有特殊气味的易挥发和易燃液体。熔点-97.8℃，沸点 64~65℃，相对密度 0.7915(20℃/4℃)，折射率 $n_D^{20}=1.3285$，临界温度 240℃，临界压力 7.71MPa。能与水和多种有机溶剂混溶。燃烧热：气体 23872J/g，液体 22656J/g；熔化热 698kJ/kg(-97.6℃)；蒸发热 1120kJ/kg；着火点：空气中 470℃，氧气中 461℃；比热容 2.37J/(g·℃)(0℃)、2.50J/(g·℃)(20℃)；蒸气压 12798~12812Pa(20℃)；黏度（绝对）5.9×10^{-4}Pa·s(20℃)。常温下无腐蚀性，但铅、铝例外。爆炸极限（在空气中）6%~36.5%，遇热和明火易爆炸，闪点 15.6℃（开口）、12.2℃（闭口）
氢（H）	周期表中最轻的元素，为无色、无味气体，密度 0.08987g/cm³，能燃烧，并能与许多金属和非金属直接化合

续表 2-2

名 称	性 质
异丙胺 [$(CH_3)CHNH_2$]	无色具有挥发性的易燃液体，有氨的气味，呈强碱性。熔点-101℃，沸点 32℃。相对密度 0.694(20℃/4℃)，闪点-17.78℃。溶于水、醇和醚
氢化钠 分子式：NaH 相对分子质量：24	氢化钠为白色结晶，属立方晶系，相对密度 0.97，在 400~430℃时分解产生 H_2。在加压下的熔点为 800℃以上。在水中分解并产生氢气而溶解，反应剧烈而放热，甚至起火，因而在空气中处理氢化钠是很危险的。如果有痕量钠存在时，即使在低温下也可以起火。当作为还原剂使用时，应将其制成氢化钠的悬浮液（在油中）
硼酸三甲酯 分子式：$(CH_3O)_3B$ 或 $(C_3H_9BO_3)$ 相对分子质量：103.92	无色液体，具有显著的热稳定性，但如含有微量硼酸，稳定性即降低。能与四氢呋喃、乙醚、乙醇等相混溶。遇水分解为甲醇和硼酸，能与甲醇形成共沸物

2.3.2 工艺过程及物料衡算

主要工艺过程有以下两种：

（1）液体硼氢化钠工艺过程，如图 2-1 所示。

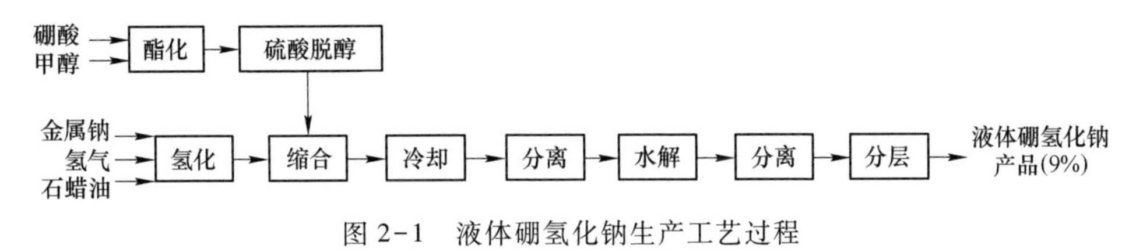

图 2-1 液体硼氢化钠生产工艺过程

（2）固体硼氢化钠工艺过程，如图 2-2 所示。

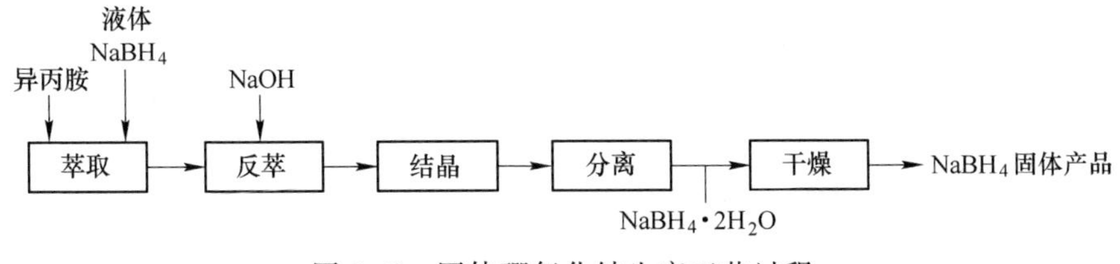

图 2-2 固体硼氢化钠生产工艺过程

液体物料衡算如下：

（1）制备硼酸酯反应式：

$$H_3BO_3+3CH_3OH \xlongequal{} B(OCH_3)_3+3H_2O$$

62　　96　　104　　54

（2）制备硼氢化钠的反应式：

$$B(OCH_3)_3+4NaH \xlongequal{} NaBH_4+3NaOCH_3$$

104　　96　　38　　162

（3）物料衡算：

投入　H_3BO_3　CH_3OH　NaH　H_2O

62　　96　　96　　194　　总量 448

产出　$NaBH_4$　H_2O（外加）　$NaOCH_3$（水解后成 $NaOH+CH_3OH$）

38　　194　　162

液体 $NaBH_4$ 约为 9%的浓度，总量 448。

固体 $NaBH_4$ 物料衡算如图 2-3 所示。

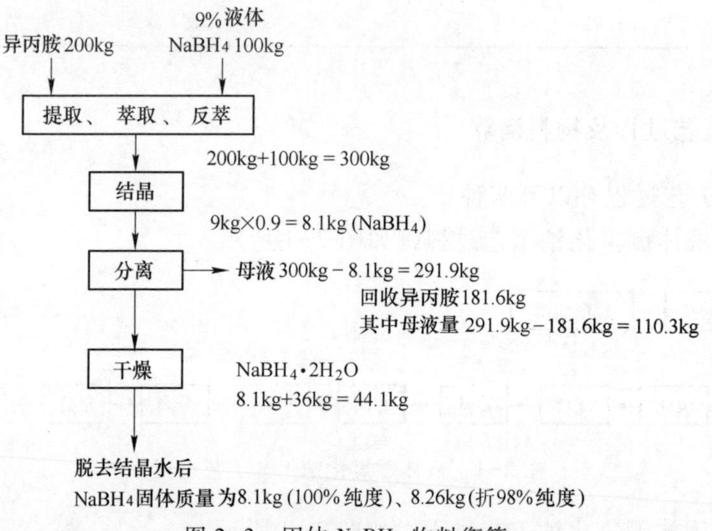

图 2-3　固体 $NaBH_4$ 物料衡算

硼酸三甲酯-氢化钠法工艺流程如图 2-4 所示。

2.4　MgH_2 与脱水硼砂室温下球磨反应合成硼氢化钠工艺

这是日本学者开发的两种新工艺之一。该工艺是一种在室温下用 MgH_2 与脱水的硼砂通过球磨反应合成硼氢化钠的便利方法。为了提高硼氢化钠的产率，加入钠化合物以补偿当 MgH_2 代替 NaH 用作还原剂时在反应物中 Na 的不足。发现加 Na_2CO_3 在提高硼氢化物产率方面好于加 NaOH 或者 Na_2O_2。

自 20 世纪 50 年代，Schlesinger 等人提出在 225～275℃下，由 1mol 硼酸

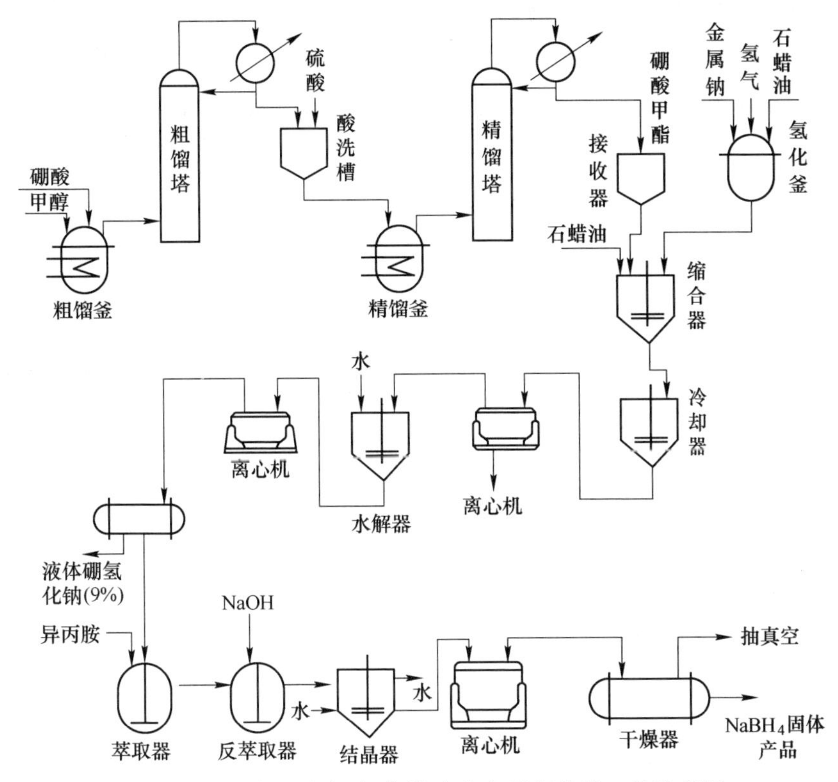

图 2-4 硼酸三甲酯-氢化钠法生产硼氢化钠工艺流程图

三甲酯和4mol氢化钠快速反应制硼氢化钠以来，关于硼氢化物的合成研究报道很少。其化学反应式为：

$$4NaH+B(OCH_3)_3 \longrightarrow NaBH_4+3NaOCH_3$$

在更高的温度下（330~350℃），通过以下反应可由氢化钠和氧化硼制取硼氢化钠，硼氢化钠的产率高达60%：

$$4NaH+2B_2O_3 \longrightarrow NaBH_4+3NaBO_2$$

硼氢化钠也可在氢气氛下加热石英、脱水硼砂和金属钠的混合物至450~500℃温度，由下述反应制得：

$$16Na+8H_2+Na_2B_4O_7+7SiO_2 \longrightarrow 4NaBH_4+7Na_2SiO_3$$

除氢化钠外，在相同的温度范围内可用氢化钙与$NaBO_2$反应制取$NaBH_4$：

$$2CaH_2+NaBO_2 \longrightarrow NaBH_4+2CaO$$

所有上面提到的反应都是在高温下操作的。在本章中，提出了一种在室温下通过机械-化学反应合成硼氢化钠的新方法。机械-化学反应是在一个行星式球磨机中通过球磨反应物进行的。考虑到 MgH_2(7.60%，质量分数，下同）比 NaH(4.17%）和 CaH_2(4.76%）含有更多的氢，故选用氢化镁作为还原剂与脱水硼砂反应。计划用连续试验探讨在室温下合成硼氢化物的可能性。另外，为了提高 $Na_2B_4O_7$ 至 $NaBH_4$ 的转化率，挑选一些钠化合物作为添加剂，并研究它们对硼氢化物形成的影响。

2.5 从偏硼酸钠制取硼氢化钠的循环工艺

这是日本学者 Yoshitsugu Kojima 和 Tetsuya Haga 开发的另一条新工艺。

该工艺由偏硼酸钠（$NaBO_2$）和氢化镁（MgH_2）或硅化镁（Mg_2Si）在氢气高压（0.1~7MPa）条件下退火（350~750℃）反应 2~4h 以合成硼氢化钠（$NaBH_4$）。其产率随温度和压力的增加而增加，在 550℃ 和 7MPa 条件下产率最大（97%~98%），但是与反应时间关系不大。本章还介绍了一种用焦炭或甲烷使 $NaBO_2$ 还原为 $NaBH_2$ 的新想法。

人们研究了化学氢化物的水解，例如 $NaBH_4$。氢化钠与氧化硼反应已用于商业化生产硼氢化钠（$NaBH_4$）：

$$4NaH+2B_2O_3 \longrightarrow NaBH_4+3NaBO_2$$

在以前的文献中，我们发现 Pt-$LiCoO_2$ 可作为 $NaBH_4$ 水解释放出氢气的一种良好催化剂：

$$NaBH_4+2H_2O \xrightarrow{Pt-LiCoO_2} NaBO_2+4H_2\uparrow$$

反应副产物是偏硼酸钠（$NaBO_2$）。

$NaBH_4$ 是一次性水解产生氢气的不可逆氢化物，因此，研究出一种从 $NaBO_2$ 制备 $NaBH_4$ 的循环工艺很吸引人。本章用 $NaBO_2$ 和 MgH_2，或用 $NaBO_2$ 和 Mg_2Si 在氢气高压下退火反应合成 $NaBH_4$，也讨论了用焦炭或甲烷从偏硼酸钠制取硼氢化钠的循环工艺。

2.6 硼砂法制取硼氢化钠——国外另一条硼氢化钠制取工艺

硼砂法是用无水硼砂、金属钠、石英砂及氢气在 723~773K、3~5 个氢气压或更高压力下进行反应，以获得较高的转化率。反应方程式如下：

$$Na_2B_4O_7+16Na+8H_2+7SiO_2 \longrightarrow 4NaBH_4+7NaSiO_3$$

该方法反应压力较高，必然对设备的要求较高，增加了设备的成本费用。张允什等人对硼砂法进行了改进，使得反应温度低、操作安全、对设备要求不高，而且又消除了三废的问题。但是，改进后的方法仍使用硼砂为原料，其成本相对较高。

以硼氢化钠还原反应后生成的副产物偏硼酸钠为原料，原料价格更加低廉，并结合改进后的 Bayer 法来制备硼氢化钠，在保证产品纯度的前提下，生产成本明显下降。同时，通过本工艺可以回收利用硼氢化钠还原产生的偏硼酸钠废弃物，避免了废物后处理的额外费用，有一定的经济效益和社会效益。合成 $NaBH_4$ 的反应方程式如下：

$$NaBO_2+4Na+2H_2+2SiO_2 \longrightarrow NaBH_4+2Na_2SiO_3$$

其工艺路线见图 2-5。

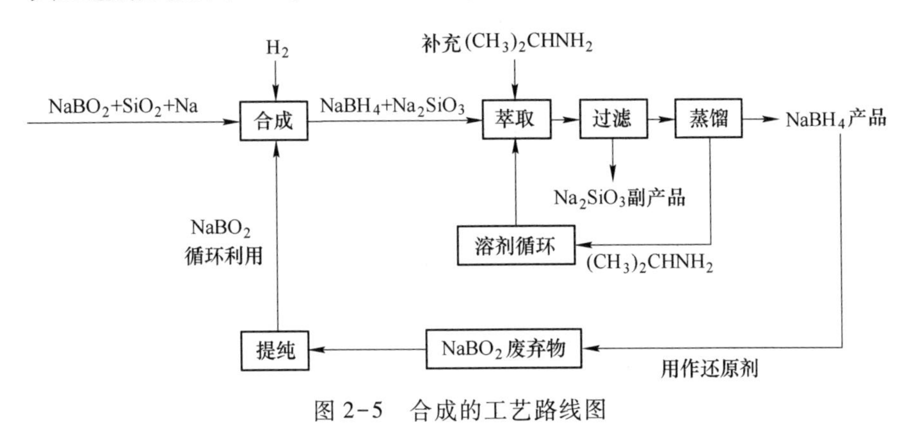

图 2-5 合成的工艺路线图

2.7 电化学法-电解法制取硼氢化钠

重庆大学余月华等人指出：电解法合成硼氢化钠是以降低生产成本为目的而开发的工艺路线，美国学者 Cooper 对其进行了较早的研究。近几年来美国学者 Streven Amendola 开始把电解法制取硼氢化钠的工艺应用于燃料电池，以期在燃料电池内部通过充放电实现硼的循环利用；国外还有其他学者对电化学法进行了研究。电解法不以金属钠为原料，而用电子试剂代替金属钠作为还原剂，因此，在电力资源丰富的地方开发应用，可以较大幅度地降低生产成本。另外，电化学办法在常温常压下即可进行，这与以硼氢化钠碱性溶液为氢源的燃料电池的工作条件一致，同时，电化学法也是一种洁净、高效的方法，符合环保要求。

2.7.1 电解法的原理

电解法合成硼氢化钠是以硼砂、硼酸为原料，或者直接以偏硼酸钠为原料，用阳离子交换膜将电解池分隔为阴极室和阳极室，在碱性条件下还原生成硼氢化钠。在 NaOH 溶液中，硼砂首先转变为偏硼酸钠：

$$Na_2B_4O_7 \cdot 10H_2O + 2NaOH \longrightarrow 4NaBO_2 + 11H_2O$$

在阴极上进行的反应是：

$$BO_2^- + 6H_2O + 8e^- \longrightarrow BH_4^- + 8OH^- \qquad E = -1.24V$$

在阳极上进行的反应是：

$$4OH^- - 4e^- = 2H_2O + O_2 \qquad E = -1.229V$$

总反应是：

$$NaBO_2 + 2H_2O \longrightarrow NaBH_4 + 2O_2$$

韦小茵等人通过电化学伏安特性实验发现，NaOH 溶液中加入底物 $NaBO_2$ 后，与未加底物的 NaOH 溶液对比，没有发现新的氧化还原峰出现，说明 BO_2^- 并没有直接参与阴极还原过程。实际上，由于电荷的排斥作用，阴离子要靠近阴极表面是很困难的，因此阴离子很难在阴极上直接还原。

2.7.2 电极材料

王建强以 Cu、Pb、Ti、Ti/PbO_2 和 Ti/MnO_2 作为工作电极进行循环伏安测试，结合各电极在研究体系中阴极的稳态极化曲线进行研究，发现以 Ti/MnO_2 作为电极材料的性能最佳。

韦小茵等人以 Ni、Ag、Cu-Hg 三种电极材料作为工作电极，Pt 为辅助电极，饱和甘汞电极为参比电极进行极化测试，发现 Ni 在该研究体系中是较好的电极材料。Ag 在高过电位区也有一定的催化活性。

有人测试 $NaBH_4$ 碱性溶液的电化学特性发现：在硼氢化钠的碱性溶液中，Au/C 电极对 BH_4^- 在阳极上的氧化具有很强的电催化活性；Ag/C 电极也对 BH_4^- 在阳极上的氧化具有一定的电催化活性。所以在电化学还原偏硼酸钠溶液制备硼氢化钠的体系中，Au/C 和 Ag/C 电极不宜选作阳极。另据文献报道，电极材料对析氧反应的动力学有很大影响，所以选择合适的阳极材料对整个电解过程也十分关键。

采用化学法制取硼氢化钠需耗用大量贵重的金属钠，成本高，同时也限制了该产品的应用。为降低生产成本，国外近几年来开发了电解法制取硼氢化钠的新工艺。

电解法工艺是在阳离子选择隔膜的电解槽内将偏硼酸根离子在阳极室还原成硼氢化物离子，生成碱金属硼氢化物溶液，再从硼氢化物溶液中分离出硼氢化物。其总反应为：

$$MeBO_2 + 2H_2O \longrightarrow MeBH_4 + 2O_2$$

式中，Me 为碱金属。

用硼砂作原料即可，如用硼酸作原料需要相应的碱金属氢氧化物、氯化物、硫酸盐或碳酸盐。该法投资省、成本低，且可省去化学法中使用的大量金属钠。目前国内有的科研院正在开发，但尚未实现工业化。

我国韦小茵等人就电解法工艺制取硼氢化钠及其机理进行了开发研究。

世界著名电化学家 Allen J. Bard 等人在 20 世纪 90 年代初进行了硼氢化钠电化学氧化的详细研究。电解还原制备硼氢化钠与目前工业上主要使用的 Schlesinger 法和 Bayer 法不同，它不以昂贵的金属钠为还原剂，而是用电解还原电子试剂代替金属钠。因此，十分适合电力资源丰富的地方开发，可以较大幅度地降低生产成本。由于硼砂电解还原制备硼氢化钠实际上是 BO_2^- 还原为 BH_4^-，是一个复杂的多电子还原过程，因此，对它的特性和机理进行研究是十分必要的。

在水体系中进行电解合成 $NaBH_4$ 是最经济的电解方法，但是由于受阴极析出 H_2 的竞争反应的影响，效率较低。H_2 吸附层阻碍了电荷传递反应，甚至不能达到第三步骤的反应势垒。研究发现，利用脉冲电源产生的高能电子，可以实现 BO_2^- 高强过电位还原，从动力学上降低了析出 H_2 的影响，从而实现 $NaBH_4$ 的合成。

生产方法上国外还有氢化钙、偏硼酸钠-金属钠法及氢化钠-三氟化硼法，本书就不一一介绍了。

3 硼氢化钠储氢及制氢开发研究

自工业革命以来，化石燃料能源的储藏量日益枯竭，温室效应加速了全球变暖的进程，导致了明显的气候变化，引发了一系列资源与环境问题，人们迫切需要在有效利用化石燃料的同时，及时地开发清洁、价廉的新能源，以逐步取代现有的化石燃料。在新能源领域中，氢能作为一种理想的、新的二次能源，备受人们的青睐。

地球上的氢主要以化合物形式存在，而水是含氢最多的一种化合物。氢与空气混合时有广泛的可燃范围，而且燃点高，燃烧速度快。氢燃烧时最清洁，不会污染环境，且燃烧生成的水还可继续制氢，反复循环使用。产物水无腐蚀性，对设备无损害。除核燃料外，氢燃烧时的热值为142351kJ/kg，是所有化石燃料、化工燃料和生物燃料中最高的，它是汽油发热值的3倍。特别是液态氢燃烧时所产生的高温，尤其适用于作火箭发动机的燃料。因此，氢能已普通被认为是一种最理想、可持续开发和利用的新世纪无污染绿色能源。

氢能的利用需要解决以下三个问题：氢的制取、储运和应用。氢在通常条件下以气态形式存在，且易燃、易爆、易扩散，使得人们在实际应用中要优先考虑氢储存和运输中的安全、高效和无泄漏损失，这就给储存和运输带来了很大的困难。当氢作为一种燃料时，必然具有分散性和间歇性使用的特点，因此必须解决储存和运输问题。储氢及输氢技术要求能量密度大、能耗少、安全性高。当作为车载燃料使用时，除考虑储氢材料的质量储氢密度、体积储氢密度和成本外，还需考虑储氢和释氢的速度、耐久性、温度和可操作性以及车辆所要求的压力限等，这些都需符合车载状态的要求。对于车用氢气存储系统，国际能源机构（IEA）提出的目标是质量储氢密度大于5%、体积储氢密度大于$50kgH_2/m^3$，并且放氢温度低于423K，循环寿命超过1000次；而美国能源部（DOE）提出的2010年的标准是质量储氢密度不低于6%，质量能量密度为2kW·h/kg，体积能量密度为1.5kW·h/L，操作温度为-30~50℃，循环寿命超过500次。

目前，储氢的方法主要有：（1）高压气态储氢；（2）低温液氢存储；

(3) 金属氢化物存储；(4) 配位氢化物存储；(5) 多孔吸附剂储氢；(6) 其他化学反应方法。其中，高压气态储氢使用方便，但能量密度较低，且存在安全性问题；低温液态储氢具有较高的体积能量密度，但缺点是氢气液化要消耗很大的冷却能量，储存中还不可避免地存在蒸发损失，所以储存成本较高。近年来，对活性炭和碳纳米管等材料的吸附储氢以及储氢合金的研究也取得了一些进展，但在储氢能量密度、工作温度以及可逆循环性能等方面还很难满足实用化要求。图 3-1 给出了目前所采用和正在研究的储氢材料的质量储氢密度和体积储氢密度。根据技术发展趋势，今后储氢研究的重点是在新型高性能规模储氢材料上。国内的储氢合金材料虽已有小批量生产，但较低的储氢质量比和高价格仍阻碍其大规模应用。

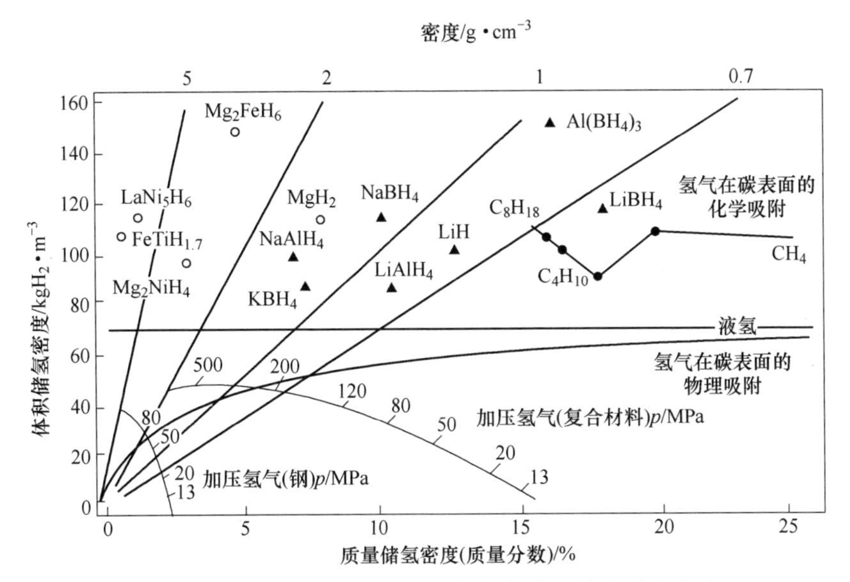

图 3-1 主要储氢材料的质量储氢密度和体积储氢密度

金属氢化物作为储氢材料，由于其储存及运输氢安全、方便的特点而备受青睐。但由于热力学、动力学和金属原子上的限制，一些可逆金属氢化物质量储氢密度（质量分数）只能达到 1.5%～2.5%。碱金属或碱土金属与第三主族元素可与氢形成配位氢化物，其与金属氢化物之间的主要区别在于吸氢过程中向离子或共价化合物的转变。配位轻金属氢化物的储氢密度在金属氢化物中相对较高，这些配位轻金属氢化物中，又以铝氢化物（M_xAlH_4）和硼氢化物（M_xBH_4）储氢密度最大。Bogdanovic 和 Schwickardi 等人报道了在温和条件下 $NaAlH_4$ 的催化反应，可以进行脱氢及吸氢的可逆反应。由此引起了人们对硼氢化物的脱氢及吸氢可逆反应的兴趣。

3.1　硼氢化物热分解制氢研究

碱金属及碱土金属硼氢化物被人们知道50多年了，碱金属硼氢化物一般为离子型化合物，白色、结晶性良好的高熔点固体，与氧不发生反应，对温度比较敏感。ⅢA族和过渡金属硼氢化物为共价化合物，一般为液态或易升华的固态。碱土金属硼氢化物的性质介于离子化合物和共价化合物性质之间。与金属氢化物不同的是硼氢化物中氢占据晶格位置，而不是占据晶格间隙。硼氢化物会发生完全分解，释放氢气形成至少两相物质。表3-1给出了部分碱土金属硼氢化物的物理性质，可以看出它们含有丰富的轻金属元素和极高的储氢容量，因而可作为优良的储氢介质。

表3-1　部分碱金属及碱土金属硼氢化物的物理性质

化合物	密度 /$g \cdot cm^{-3}$	质量储氢密度（质量分数）/%	体积储氢密度 /$kg \cdot cm^{-3}$	T_m/℃	$\Delta H_f^\ominus$ /$kJ \cdot mol^{-1}$
$LiBH_4$	0.66	18.36	122.5	268	-194
$NaBH_4$	1.07	10.57	113.1	585	-191
KBH_4	1.17	7.42	87.1	123①	-229
$Be(BH_4)_2$	0.702	20.67	145.1	320①	
$Mg(BH_4)_2$	0.989	14.82	146.5	260①	
$Ca(BH_4)_2$		11.47			
$Al(BH_4)_3$	0.7866	16.78	132		

①表示在熔化中及熔化前分解。

一般碱金属硼氢化物的分解反应方程式如下：

$$ABH_4 \longrightarrow ABH_2+H_2 \longrightarrow AH+B+\frac{3}{2}H_2$$

或者

$$ABH_4 \longrightarrow AB+2H_2$$

碱土金属硼氢化物的分解反应方程式如下：

$$E(BH_4)_2 \longrightarrow EH_2+2B+3H_2$$

或者

$$E(BH_4)_2 \longrightarrow EB_2+4H_2$$

硼氢化物是所谓的缺电子化合物，类似于乙硼烷，硼氢基团通过氢原子与金属原子桥联。硼氢化物中阳离子的电负性决定于化合物的性质，分解温度与电负性有关（见图3-2）。因为B和Al的电负性不同（分别为2.04和1.61），铝氧化物比硼氢化物的稳定性更差，活性更高。Orimo等人发现了阳离子的电负性和阴离子中氢的弯曲及伸缩模量以及化合物熔点的相互关系。从第一性原理出发，通过系统研究一系列硼氢化物 $M(BH_4)_n$（M＝Li、

Na、K、Cu、Mg、Zn、Sc、Zr 和 Hf；$n=1\sim4$）的热稳定性，结果发现若化合物中阳离子 M_n^+ 与阴离子 $[BH_4]^-$ 之间存在离子键，则从阴离子 $[BH_4]^-$ 到阳离子 M_n^+ 的电荷转移对 $M(BH_4)_n$ 的稳定性起关键作用。

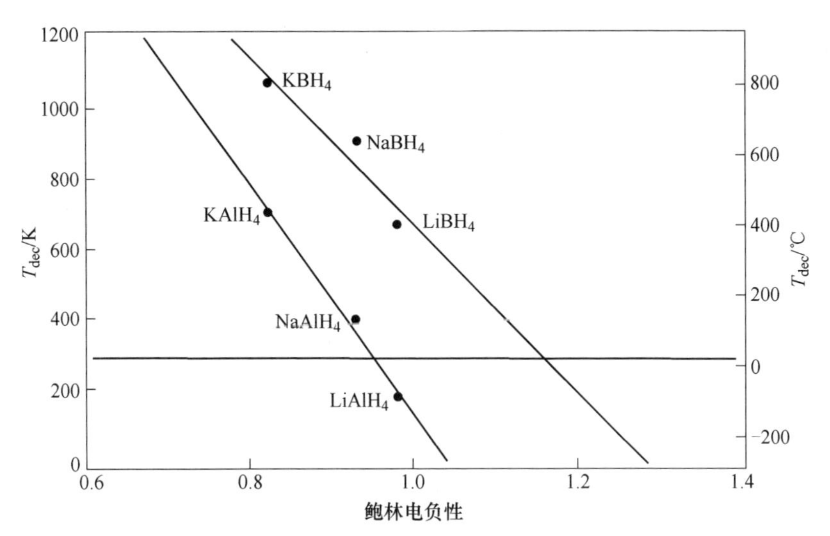

图 3-2 铝氢化物和硼氢化物的脱附温度与鲍林电负性的关系

Y. Nakamori 等人采用机械研磨活化反应，制备出一系列金属硼氢化物 $M(BH_4)_n$，其中 M 为元素周期表中的第四周期元素 Ca、Sc、Ti、V、Cr、Mn、Zn 及 Al。通过气相色谱、质谱及热分析表明，硼氢化物 $M(BH_4)_n$ 的热脱附温度 T_d 与金属元素 M 的电负性 χ_p 有关，即热脱附温度随着金属元素电负性 χ_p 增加而降低（见图 3-3）。其中，具有较大电负性 χ_p 的金属元素可以形成二价、三价和四价的金属阳离子 M^{n+}，M^{n+} 与 n 个摩尔的 $[BH_4]^-$ 结合形成 $M(BH_4)_n$，这意味着 $M(BH_4)_n$ 具有较大的储氢容量。

一般情况下，硼氢化物 $M(BH_4)_n$（其中 M = Ca、Sc、Ti、V、Cr、Mn、Zn 及 Al）分解反应生成氢化物、硼或硼烷和氢气。考虑到分解产物的稳定性，硼氢化物 $M(BH_4)_n$（其中 M = Sc、Ti、V）分解生成氢化物、硼和氢气，反应过程如下：

$$M(BH_4)_n \longrightarrow MH_m + nB + \frac{1}{2}(4n - m)H_2$$

对于硼氢化物 $M(BH_4)_n$（其中 M = Cr、Mn、Zn 及 Al），由于 MH_m 的不稳定，分解生成各元素成分，而 $Ca(BH_4)_2$ 则分解为 $2/3CaH_2$、$1/3CaB_6$ 和 $10/3H_2$。

3.2 硼氢化钠水解制氢储氢研究

硼氢化钠水解制备氢气，是一种方便、实用且能有效制备高纯度氢气的

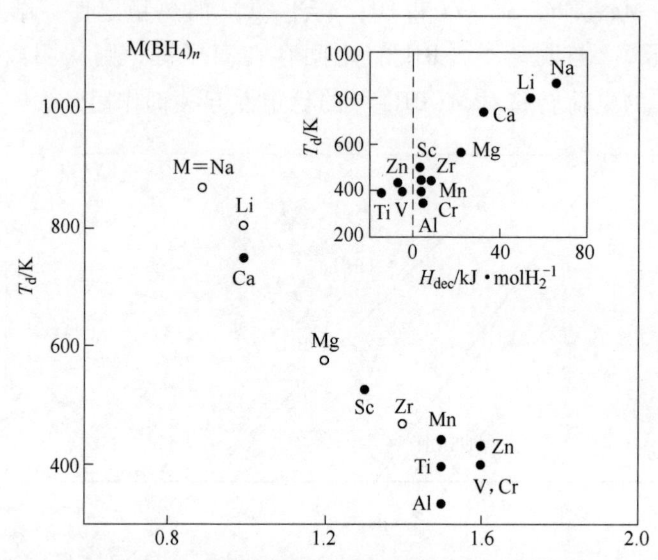

图 3-3 热脱附温度 T_d 与鲍林电负性 χ_p 的关系

（中间插图为热脱附温度 T_d 与脱附焓 H_{dec} 的关系图）

新型制氢技术，自身及副产物对环境无害，与其他燃料相比具有更低的易燃性和爆炸性，$NaBH_4$ 强碱溶液在空气中可稳定存在达数月之久。使用 $NaBH_4$ 溶液可以减少长期储存氢气的危险性，并且氢的储存效率高，催化剂及副产品可以循环使用，其中氢的生成速度容易控制，制得的氢气纯度高，不需要纯化过程，可直接作为燃料电池的原料。

$NaBH_4$ 分子自身含氢的质量分数为 10.6%，在实际应用中预计可达 7%。在 $NaBH_4$ 与水的反应中，水成为另一个氢源，每 1g $NaBH_4$ 的最大产氢量为 0.211g。相比其他金属氢化物储氢，每 1g NaH 的最大产氢量为 0.084g，每 1g LiH 最大产氢量为 0.254g，每 1g CaH_2 的最大产氢量为 0.096g，可见，$NaBH_4$ 的储氢效率是较高的。实际应用时，$NaBH_4$ 需储存在溶液中。以质量分数为 35%的 $NaBH_4$ 溶液为例，假设 H_2 的收率为 100%，计算可得其储氢效率为 7.4%（质量分数）。35% $NaBH_4$ 溶液的密度约为 1.05kg/L，因此储存 5kg 氢气约需该溶液 64L。储存同样质量的液态氢气（密度为 0.07g/m^3），所需体积约为 71L。如果用压力为 34MPa 的高压容器储存同样质量的氢气，则所需体积约为 180L。由于 $NaBH_4$ 溶液只需用常规的塑料容器储运，不需高压容器，因而质量轻、体积小、储氢效率高。

制备硼氢化钠的原料比较丰富，全世界硼酸盐的总储量估计超过 6 亿吨，美国已探明的硼酸盐的储量仅次于土耳其而位居世界第二位。中国硼矿资源也比较丰富，总硼产量居世界第四位，主要分布在辽宁、吉林、青海等省区。其副产品偏硼酸钠可以回收利用，可以构成从燃料电池发电到偏硼酸钠制备硼氢化钠这样一个封闭的循环系统，从而降低成本，并且 $NaBH_4$ 水解制氢的成本与压缩氢及液氢存储的成本相当，比燃料重整技术的成本要低，具有较大的经济竞争力。作为制氢储氢原料，$NaBH_4$ 溶液具有不可燃性，可以安全储运和使用，安全性远高于碳氢化合物。同时，由于产氢反应易于控制，从而避免了储运纯氢的风险。$NaBH_4$ 水解制氢的唯一副产物是 $NaBO_2$，该物质无毒，对环境无害。

常温下，$NaBH_4$ 可在强碱性溶液中长期保存，只有在与催化剂接触时才释放出氢气。$NaBH_4$ 水溶液在常温甚至0℃下便可以生产氢气，通过控制 $NaBH_4$ 溶液流过催化剂的量或与 $NaBH_4$ 溶液接触的催化剂（表面积）的量，可控制氢气产生的量和速度。硼氢化钠水解制氢的产物中不会含有硼烷、氮和碳等气体，氢气纯度高，减小了供氢装置的体积，不会造成燃料电池电极催化剂的毒化，因而不需要纯化过程，可直接作为质子交换膜燃料电池的原料。另外，水解产生的氢气中含有一定量的水蒸气，水蒸气的存在对本身需要湿润的质子交换膜是非常有利的。

因此，作为储氢制氢材料，硼氢化钠具有氢的储存效率高、产品氢气纯度高、能够按需产氢、反应速度易控制、安全性高、无污染、原料资源丰富、具有经济竞争力等优点。

3.2.1 硼氢化钠强碱溶液水解制氢储氢

催化剂存在时，硼氢化钠在强碱性水溶液中可水解产生氢气和水溶性亚硼酸钠。反应如下：

$$NaBH_4 + (2 + x)H_2O \xrightarrow{\text{催化剂}} 4H_2 + NaBO_2 \cdot xH_2O \qquad (3-1)$$

$NaBH_4$ 水解反应条件和催化剂种类及其制备条件对 $NaBH_4$ 水解制氢的速度有较大影响。

3.2.1.1 pH 值和反应温度

如果没有催化剂，反应式（3-1）也能进行，其反应速度与溶液 pH 值和温度有关。根据 Kreevoy 等人的研究结果，这一速度可由以下经验式计算：

$$\lg t_{1/2} = \text{pH} - (0.034T - 1.92)$$

式中 $t_{1/2}$——$NaBH_4$ 的半衰期，天；

T——热力学温度，K。

由该式计算的不同 pH 值和不同温度下的半衰期列于表 3-2 中。

表 3-2　pH 值和温度对 $NaBH_4$ 半衰期的影响

温度/℃	pH 值	半衰期 $t_{1/2}$/min	温度/℃	pH 值	半衰期 $t_{1/2}$/min
0	8	4.32×10^{0}	50	12	8.64×10^{2}
	10	4.32×10^{2}		14	8.64×10^{4}
	12	4.32×10^{4}	75	8	1.22×10^{-2}
	14	4.32×10^{6}		10	1.22×10^{0}
25	8	6.19×10^{-1}		12	1.22×10^{2}
	10	6.19×10^{1}		14	1.22×10^{4}
	12	6.19×10^{3}	100	8	1.73×10^{-3}
	14	6.19×10^{5}		10	1.73×10^{-1}
50	8	8.64×10^{-2}		12	1.73×10^{1}
	10	8.64×10^{0}		14	1.73×10^{3}

由表 3-2 可见，温度和 pH 值对反应速度有很大影响。其中，反应速度随温度的增加而增大，在反应温度不变的条件下，反应速度并不随 $NaBH_4$ 浓度的降低而改变，呈现出典型的零级反应动力学特征。提高反应温度还可以增加副产物 $NaBO_2$ 的溶解度，这不但可以避免反应过程中 $NaBO_2$ 的析出对催化剂产生不利影响，还可以使用更高浓度的 $NaBH_4$ 溶液为原料，从而更有利于提高系统的能量密度。但由于水解反应是放热反应，从简化系统操作和实用化角度出发，利用反应自身放出的热量来促进反应的进行更为有利。根据反应条件的不同，在自热情况下，反应体系的温度可以达到 50～145℃。

pH 值对反应速度的影响更甚。当 pH 值为 8 时，即使在常温下，$NaBH_4$ 溶液也会很快水解。因此，为了使 $NaBH_4$ 制氢能够得到实际应用，必须将其保持在强碱性溶液中。NaOH 作为反应的稳定剂，其浓度对反应速度的影响是十分复杂的。在 25℃和 pH 值为 14 情况下，硼氢化钠溶液的半衰期为 430 天，可满足实际应用要求。为了在现场以足够高的速度制备出氢气，可让 $NaBH_4$ 的强碱溶液与催化剂接触。使用不同的催化剂时，即使在相同的条件下氢气的生成速度也不同。

3.2.1.2　硼氢化钠的浓度

理论上来讲，$NaBH_4$ 在溶液中的浓度越高，制氢体系的储氢效率越高，系统的能量密度越大，但过高的浓度会导致溶液黏度增加，使产氢率下降。此外，在高 $NaBH_4$ 浓度下，随着反应的进行，反应副产物 $NaBO_2$ 由于溶解度限制会逐渐从溶液中析出晶体，如果 $NaBO_2$ 结晶在催化剂表面就会影响产氢速率。以下是 $NaBH_4$ 和 $NaBO_2$ 的溶解度随温度的变化关系式：

$$S_{NaBH_4}=-261+1.05T$$

$$S_{NaBO_2}=-245+0.915T$$

式中 S_{NaBH_4}，S_{NaBO_2}——分别为两种物质在100g纯水中的饱和浓度，g；

T——热力学温度，K。

不考虑溶液中NaOH对两种物质溶解度的影响，在25℃下，原料溶液中的$NaBH_4$最高浓度为34.4%。要使反应能够顺利进行，则要最终产物$NaBO_2$始终以溶液状态存在，实际$NaBH_4$的浓度不能高于12.1%。

3.2.1.3 压力

$NaBH_4$的水解反应在常压下就可以进行，提高反应系统的压力将有利于获得理想的系统能量密度，这是因为在较高的压力下操作可以减小氢气缓冲罐的体积。位于反应器后面的缓冲罐可以存储停止进料后反应产生的氢气，同时可以在制氢反应刚开始启动时为燃料电池提供所需氢气。Pinto等人在研究压力对$NaBH_4$水解反应的影响时发现，反应结束后反应器中所达到的最大压力明显低于氢气的理论压力。Xu等人通过实验排除了由于$NaBH_4$反应不完全造成这一现象的可能性，认为是压力增加导致氢气在溶液中的溶解度增大。Kojima等人考察了在封闭的反应系统中压力对$NaBH_4$水解反应的影响，结果表明，增加系统压力可大幅度提高产氢速率。

3.2.1.4 催化剂

影响硼氢化钠水解的因素比较多，其中催化剂成分、形态和性能的研究是硼氢化钠储氢、制氢研究工作的一个重点。研究发现催化剂载体的比表面积、催化剂载量、颗粒大小、尺寸分布、微孔结构和煅烧混充对$NaBH_4$的水解有重要影响，并且催化剂在使用后可以回收并循环使用。国内外对$NaBH_4$水解反应的催化剂进行了大量的研究。目前，$NaBH_4$析氢催化剂的两个代表性体系是：美国千年电池公司的Ru催化剂和日本丰田公司的Pt催化剂。已经被研究的硼氢化钠水解催化剂包括金属Co、Ni吸氢合金、硼化镍，以及以金属氧化物为载体的Pt、Rh、Ru、Ir、Os、Au、Ag等。目前，在催化效果上还是以Pt、Ru基的催化剂为佳。

A 贵金属催化剂

贵金属催化剂由于具有良好的催化剂活性而成为硼氢化物水解制氢催化剂研究的热点，尤其以金属铂、铑和钌催化剂的研究最为引人关注。

a 金属铂催化剂

自20世纪50年代，已有许多使用催化剂水解$NaBH_4$产氢的研究。H. C. Brown等人早期研究了Fe、Co、Ni、Cu等各类氯化物催化剂，并指出

$CoCl_2$ 的催化性能最好，认为真正起催化作用的是钴硼化物。进一步研究发现，铂系金属盐类如氯铂酸对 $NaBH_4$ 水解也有很高的催化活性。将氯铂酸注入 $NaBH_4$ 溶液后即被迅速还原为极细的金属铂微粒，而正是金属铂微粒对 $NaBH_4$ 水解有很高的催化活性。日本丰田研发中心系统地研究了过渡金属对 $NaBH_4$ 制氢的催化活性。采用超临界方法和浸渍法制备了不同氧化物（Co_3O、TiO_2、NiO、$LiMn_2O_4$、TiO、CoO、Ti_2O_3、$LiNiO_2$、$LiCoO_2$）负载的过渡金属（Pt、Rh、Ru、Pd、Ni、Fe）作为催化剂，过渡金属中以 Pt 催化能力最好（见图 3-4），Pt-$LiCoO_2$ 催化剂的产氢速率最高（见图 3-5），常温下 20min 内产氢率可达 100%。研究发现，与常规浸渍法相比，采用超临界方法制备的催化剂具有更高的金属分散度。催化剂的活性随金属 Pt 粒径的减小而显著增加（见图 3-6）。

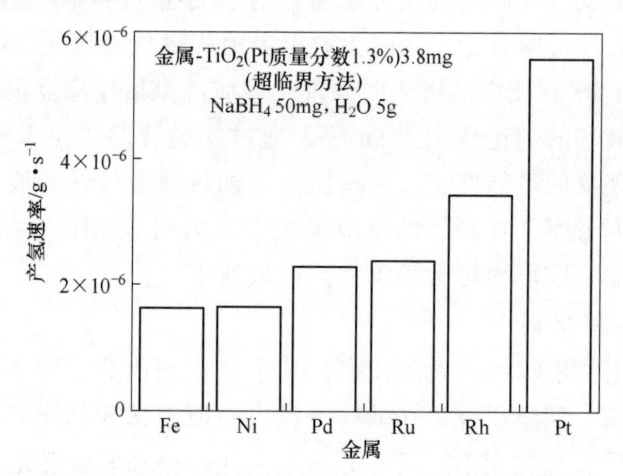

图 3-4 在 20~23℃下不同金属对产氢速率的影响

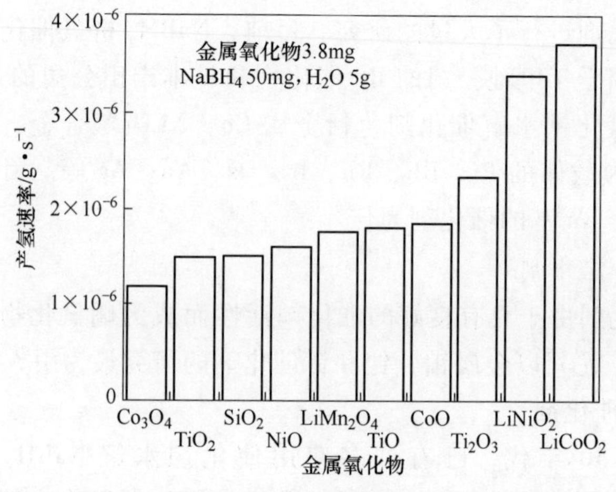

图 3-5 在 20~23℃下不同金属氧化物对产氢速率的影响

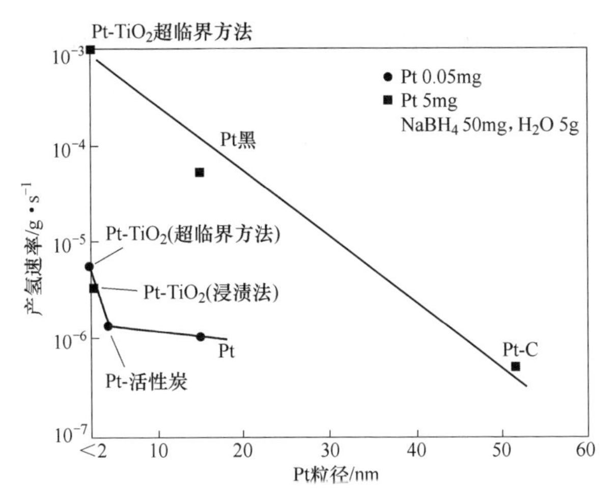

图 3-6 在 20~23℃下铂颗粒尺寸对产氢速率的影响

吴川等人选用两种高比表面的炭载体，采用浸渍法制备了负载量为 20%的 Pt 基催化剂。20%Pt/乙炔黑的孔径主要分布在 2.5~5nm 之间，孔径小且分布集中；而 20%Pt/珍珠炭的孔径主要分布在 2.5~5nm 之外，大部分孔径分布在 20~60nm，分布范围较宽。在 20min 内，20%Pt/珍珠炭和 20%Pt/乙炔黑的平均产氢速率分别为 1.9L/min 和 2.3L/min。当氢的利用率为 100%时，可分别向功率为 308W 和 373W 的质子交换膜燃烧电池持续供氢。

b 金属铑和钌催化剂

Brown 等人研究了一系列金属盐后发现，铑（Rh）和钌（Ru）盐能以最快的速度使 $NaBH_4$ 溶液水解释放出氢气。Hsueh 等人研究了 Ru 作为催化剂水解 $NaBH_4$ 制氢，并考察了溶液温度、$NaBH_4$ 浓度和 NaOH 浓度对产氢速率的影响，发现使用负载质量分数为 1% Ru 的催化剂，最大产氢速率为 132mL/(min·g)，反应活化能为 49.72kJ/mol。

A. Levy 等人研究了 Ni、Co 等系列的金属盐类后，也发现钌和铑的金属盐类对 $NaBH_4$ 水解催化作用最强。使用不同的催化剂，氢气的生成速度不同。表 3-3 中比较了各种金属催化剂催化水解 $NaBH_4$ 的速度，从表中可以看出钌和铑对 $NaBH_4$ 溶液水解的半衰期达到 0.3min，在所研究金属催化剂中催化性能是最好的。

表 3-3 不同金属催化剂对 $NaBH_4$ 溶液水解半衰期的影响

金属	Fe	Co	Ni	Ru	Rh	Pd	Os	Ir	Pt
化合物	$FeCl_2$	$CoCl_2$	$NiCl_2$	$RuCl_2$	$RhCl_2$	$PdCl_2$	OsO_4	$IrCl_4$	H_2PtCl_6
半衰期/min	38	9	18	0.3	0.3	180	18.5	28	1

注：实验条件-25℃、常压，催化剂浓度 0.100mol/L、5mL，$NaBH_4$ 浓度 0.593mol/L、45mL。

美国千年电池公司报道了使用树脂负载的钌催化剂来催化 $NaBH_4$ 的水解反应。该催化剂的最大特点是制备方法简单，即 $RuCl_3$ 用 HCl 酸化形成 $[RuCl_6]^{3-}$，然后通过离子交换将其负载到阴离子树脂上，用 $NaBH_4$ 还原得到 Ru/树脂催化剂。室温下，在 30mL 7.5% $NaBH_4$ + 1% NaOH 溶液中加入 0.25g 0.5%Ru/IRA-400 树脂催化剂，反应产氢速率达到 6.3mL/(s·g 催化剂)，反应的活化能为 56kJ/mol。依据水解反应温度的不同，氢气发生器的能量效率可以达到 0.3～2kW/g 催化剂。J. S. Zhang 等人分析了炭支撑的钌（Ru）催化剂对 $NaBH_4$ 水解的催化效果，认为水解反应分为 $NaBH_4$ 在催化剂表面吸附和吸附的 $NaBH_4$ 在催化剂表面水解两步。在 25℃时，$NaBH_4$ 的水解为零级反应；85℃时为一级反应。

王涛等人采用置换镀的方法制备了泡沫镍负载钌的催化剂。制备过程中将泡沫镍放入氯化钌镀液中进行置换镀钌，当泡沫镍表面被完全覆盖后，载钌量为 6%时相应的催化能力最强。受溶液黏度的影响，30%的 $NaBH_4$ 溶液比 35%的 $NaBH_4$ 溶液更容易催化水解。反应过程中，即使 20%的 $NaBH_4$ 溶液水解，仍有明显的零级反应动力学特征。通过对 $NaBH_4$ 储氢体系的能量计算，说明采用该氢源体系的微型燃料电池的能量密度有望达到甚至超过锂离子电池的比能量水平。程杰等人采用类似方法研究了制氢过程中反应温度、$NaBH_4$ 浓度、载 Ru 量及使用次数对产氢速率的影响。研究表明：随温度的升高，反应速度快速上升；当 $NaBH_4$ 浓度为 20%、NaOH 浓度为 3%、载 Ru 量为 3%时，在 23.5℃、常压且催化作用下反应速度可以达到 0.784mL/(s·g)，并且这种催化剂在多次使用后仍显示出较高的活性。

Yan Liang 等人制备出均匀高分散的纳米钌催化剂，颗粒尺寸为 10nm，催化剂化学键联于石墨表面，在 10%$NaBH_4$（质量分数，下同）+5%NaOH 溶液中产氢速率达 32.3L/(min·g Ru)。该催化剂的较高催化活性和耐久性在便携式燃料电池方面具有潜在的应用价值。

Krishnan 等人分别采用阴离子变换树脂和 $LiCoO_2$ 负载 Pt、Ru 催化剂，研究了它们的产氢速率，发现 $LiCoO_2$ 负载 Pt-Ru 双组分催化剂的活性远大于阴离子交换树脂负载 Pt-Ru 催化剂，而且同样大于负载 Pt、Ru 单组分催化剂。

除上述负载型催化剂以外，Ozkar 以 $RuCl_3$ 为前驱体，采用醋酸钠溶液作为稳定剂，在室温下用 $NaBH_4$ 还原制备了水相分散的 Ru 纳米团簇催化剂。与负载金属催化剂相比，水相分散的 Ru 催化剂的平均粒径只有 2.8nm，因此具有非常高的活性比表面积，催化 $NaBH_4$ 水解反应的活化能仅 41kJ/mol。纳米 Ru 颗粒催化剂是依靠粒子表面吸附的醋酸根离子形成的静电层而稳定存在的，但过多的醋酸根离子会覆盖活性中心。因此，醋酸根离子的浓度显著影响催化剂的活性。研究表明，只有当溶液中醋酸根离子的浓度为 1.0mol/L 左右时，才能制备具有最高活性的纳米钌催化剂。虽然纳米 Ru 颗粒催化剂的催化活性高，但反应结束后很难与产物分享再重复利用，使其应用受到限制。

为了便于催化剂的循环利用及降低成分，Liu Chenghong 等人采用带磁性的 Ni-Ru/50WX8 为催化剂，在永久磁场的条件下具有铁磁性的催化剂比较容易回收利用，其水解活化能为 52.73kJ/mol，最大产氢速率为 400mL/(min · g)，相当于在 PEMFC 中可产生 40W 电力，足够一般电力设备的使用。

B 非贵金属催化剂

虽然贵金属颗粒催化剂的催化活性高，但在实际应用中，由于催化剂的流失、循环使用次数以及有些催化剂反应结束后很难与产物分离再重复利用，使其应用成本增加而受到限制。从硼氢化钠水解制氢实用化的角度出发，采用非贵金属催化剂将更具吸引力，所以在开展贵金属催化剂研究的同时，许多研究者也开始专注于非贵金属催化剂的研究。非贵金属催化剂的研究主要集中在 Co 基和 Ni 基催化剂。

Schlesinger 等人首先研究了 $FeCl_2$、$CoCl_2$、$NiCl_2$、$CuCl_2$ 等非贵金属催化剂，发现 $CoCl_2$ 的催化性能最好，事实上真正起作用的是钴的硼化物。Jeong 等人分别以 Co、Ni、Fe、Mn 和 Cu 为前驱体制备催化剂，也发现 Co-B 催化剂活性最高，产氢速率为 875mL/(min · g)(20%$NaBH_4$+5%NaOH，20℃)，仅次于 Ru 的产氢速率 1637mL/(min · g)，Co-B 催化剂产氢的反应活化能为 68.87kJ/mol，而且 Co-B 催化剂产生的氢能可以成功驱动自行设计的 2W 的 PEMFC 装置。Xu 等人使用活性炭负载 Co 催化的方法，发现当煅烧温度在 400℃时制备的催化活性最高。白莹等人采用溶液法制备了 Co-B 前驱物，并经过不同温度的处理得到了一系列的 Co-B 合金，X 射线衍射结果表明，Co-B 合金在 400℃下生成了 CoB、Co、α-Co 的混合相，并在温度升高到 600℃以上时完全转化为立方晶系的金属 Co。在 500℃下处理的 Co-B 合金，其主相为高活性的 CoB，因而具有最佳的催化活性。Wu 等人采用化学还原法制备了 Co-B 催化剂，高温处理使 Co-B 化合物由无定形相向 CoB 和金属 Co 相转变，在 500℃下处理的催化剂主要以 CoB 相存在，而在 700℃下处理的催化剂则主要以金属 Co 相为主。$NaBH_4$ 水解制氢的反应结果表明，在 500℃下处理的具有最高活性。因此，Co-B 是催化 $NaBH_4$ 水解的活性相。

Eom KwangSup 等人采用化学镀层制备 Co-P 催化剂，催化剂为复式结构，外部球状的 Co-P 颗粒附着在内部平面 Co-P 层上。催化剂为两相，由 Co 的纳米晶粒和无定形的 Co-P 组成，Co 的晶粒越小，产氢速率越高。在 pH 值为 12.5、温度为 60~70℃时所制备的 Co-P 催化剂，在 1%NaOH+10% $NaBH_4$ 溶液中，反应温度为 30℃时产氢速率可达 3.3L/(min · g)，水解活化能为 60.2kJ/mol。Kim Taegyu 设计了微型催化反应器，采用化学镀层方式在镍模板涂覆 Co-B-P 催化剂，水解活化能为 51.5kJ/mol，生成的氢气流量可达 15.6mL/min，足够 1.3W PEMFC 的运作。

Ding Xinlong 等人采用化学还原方法制备出 Co-Cu-B 催化剂，在 Co/Cu 摩尔比为 3∶1、煅烧温度为 400℃条件下所制得的催化剂，在 7%NaOH 和 7%$NaBH_4$ 溶液中具有最好的催化活性。催化剂的组成与表面积决定催化活性，较大的催化剂表面积和较高的反应温度可以促进催化活度。该催化剂的最高产氢速率为 41.24L/(min · g)，水解活化能为 49.6kJ/mol。

Levy 等人和 Raufman 等人对钴和镍的硼化物作为催化剂来控制 $NaBH_4$ 溶液产生氢气的速度进行了研究，发现各种金属使 $NaBH_4$ 溶液发生水解反应所需要的活化能也都各不相同，例如 Co 需要的活化能是 75kJ/mol，Ni 需要的活化能是 71kJ/mol，雷尼 Ni 所需要的活化能为 63kJ/mol。Liu 等人系统考察了不同形态的钴催化剂和镍催化剂的催化活性。金属钴粉、氯化钴以及硼化钴的催化活性明显优于相应的镍催化剂，而雷尼 Ni 和雷尼 Co 则具有相近的催化活性。当雷尼 Ni 和雷尼 Co 形成 $Ni_{1-x}Co_xAl_3$ 合金后，其活性还可进一步提高。此外，Kim 等人也对 Co 催化剂与 Ni 催化剂的性能进行了对比。结果表明，不同活性组分催化 $NaBH_4$ 水解反应的活性顺序为：Co 粉>丝状 Ni 粉>球状 Ni 粉。研究还发现，在 Co 粉中添加适量丝状 Ni 制成的复合催化剂，其比表面积提高 2 倍以上，同时形成更多的二次孔和小于 0.1μm 的微孔，这些微孔的存在有利于通过渗透压作用改善 $NaBH_4$ 向活性中心的渗透，从而改善反应性能。当以 12.5%$NaBH_4$ 溶液（0.01mol/L KOH）为原料时，产氢速率可达 96.3mL/(min · g 催化剂)。

Dong 等人以 $NiCl_2$ 溶液为前驱体，将其与乙炔黑混合，然后在冰水浴中滴加 5%$NaBH_4$ 水溶液，经过化学还原方法得到 Ni_xB 沉淀，80℃干燥的硼化镍中镍和硼原子比介于 1.5~2 之间，在 150℃真空条件下干燥比例为 4~5，并有单质镍出现。反应过程中硼化镍与 B 形成的沉淀会掺杂在硼化镍中，在干燥条件下，$Ni(BO_2)_2$ 与 Ni_2B 反应产生单质 Ni 和 B_2O_3，正是由于高分散单质镍的存在，使得该催化剂的催化活性显著提高。Chen 等人分别合成了两

种新型 $NaBH_4$ 水解催化剂 Ni/Ag/Si 和 Ni/B/Si。其水解产氢速率分别高达 26000mL/(min·g) 和 1916mL/(min·g)。Onder Metin 等人采用乙酰丙酮化镍（Ⅱ）与硼氢化钠发生还原反应生成水分散的镍单质纳米团簇为催化剂，加入磷酸氢盐作为稳定剂，当摩尔比为 1∶1 时，镍单质纳米团簇催化活性及稳定性是最适宜的，活化能为（5±1）kJ/mol，而大颗粒镍活化能为 73kJ/mol。该课题组也制备出水溶 PVP 稳定的 Ni(0) 纳米团簇体系，催化硼氢化钠水解反应，活化能为（48±2）kJ/mol。反应完毕后这种催化剂比较稳定，可与反应体系分离重新分散于水中，并显示出相同的催化活性，机理研究表明，催化反应为一级反应，与镍的浓度直接相关，与底物浓度无关。

Kaufman 和 Sen 利用 $NaBH_4$ 水解制氢驱动氢氧燃料电池获得成功，他们研究了酸和过渡金属及其盐类对 $NaBH_4$ 水解的影响，研究表明金属催化的 $NaBH_4$ 水解反应是零级反应，且催化活性物质是金属单质而非 Schlesinger 等人认为的金属硼化物，研究还发现过渡金属盐类催化剂的活性只与阳离子（Cu^{2+}、CO^{2+}、Ni^{2+}）有关而与阴离子（Cl^-、NO_3^-）无关。

C 其他催化剂研究

贵金属催化剂 Ru、Pt 等催化效果最好，但成本较高。非贵金属催化效果一般，但具有经济适用性，因此 Park Joon-Hyun 等人糅合了贵金属和非贵金属形成合金，调查了不同配比的合金的催化效果（见表 3-4），在合金悬浮液中，$Ru_{60}Co_{20}Fe_{20}$ 具有最高的产氢速率，可达 26.8L/(min·g)。在以活性碳纤维（ACF）为催化剂载体的情况下，还原过程对催化剂颗粒尺寸和产氢速率的提高有着重要的作用，$Ru_{60}Co_{20}Fe_{20}$/ACF 产氢速率可达 41.73L/(min·g Ru)。

表 3-4 合金催化剂的催化活性

催化剂	组　分	还原剂	25℃产氢速率/L·(min·g)$^{-1}$	活化能/kJ·mol^{-1}
RAH	10%Ru/ACF	H_2	14.21	59.23
RCF-H	16.6%$Ru_{60}Co_{20}Fe_{20}$/ACF	H_2	22.63	47.91
RC-N	13.3%$Ru_{75}Co_{25}$/ACF	$NaBH_4$	23.11	46.51
RCF-N	16.6%$Ru_{60}Co_{20}Fe_{20}$/ACF	$NaBH_4$	34.37	50.54
RC-NH	13.3%$Ru_{75}Co_{25}$/ACF	$NaBH_4+H_2$	37.12	45.44
RCF-NH	16.6%$Ru_{60}Co_{20}Fe_{20}$/ACF	$NaBH_4+H_2$	41.73	44.01

除此之外，光催化水解也悄然兴起，Lee Yeji 等人采用铟、硒、碲等氯化物与四异丙醇钛水热反应生成三种 In、Sn、Sb 元素与 TiO_2 结合的物质，这种发育完全的锐钛矿颗粒尺寸为 5nm，形貌接近于立方结构，随着 Sb-

TiO_2 量的增加，氢气产率也增加。

D 催化剂载体研究

纳米粒径的催化剂若没有载体负载则容易团聚，利用率会下降。因此，催化剂载体对产氢的影响，即其力学性质、表面性质、耐酸碱性质以及经济适用性也成为其中的研究热点之一。S. C. Amendola 等人系统研究了各种阳离子交换树脂和阴离子交换树脂负载钌催化剂催化硼氢化物水解制氢的性能。结果显示，阴离子树脂催化剂的性能明显优于阳离子树脂催化剂（见表3-5）。但由于树脂的使用温度比较低，所以与其他常规载体相比并不具有优势。

表 3-5 以不同阴、阳离子树脂为载体的 Ru 催化剂（Ru+树脂载体）**对产氢速率的影响**

树脂种类	产氢速率/L·(s·g 催化剂)$^{-1}$	树脂种类	产氢速率/L·(s·g 催化剂)$^{-1}$
阴离子交换树脂		阳离子交换树脂	
A-23	$336×10^5$	MSC-IB	$164×10^5$
A-26	$313×10^5$	D_{owex} HCR-W2	$146×10^5$
IRA-400	$332×10^5$	MSC-1A	$143×10^5$
IRA-900	$197×10^5$	Amberlyst 15	$149×10^5$
D_{owex} 550A	$193×10^5$	D_{owex} 22	$72×10^5$
D_{owex} MSA-1	$164×10^5$	D_{owex} 88	$63×10^5$
D_{owex} MSA-2	$126×10^5$		
A-36	$111×10^5$		

注：实验条件：反应温度 25℃，20%$NaBH_4$、10%NaOH、70%H_2O 溶液，所有催化剂载体负载 5%Ru。

由于离子交换树脂质地较脆，反应中其上的催化颗粒容易脱落，严重情况下会碎裂，使反应失控。泡沫镍具有孔性，力学性能远好于离子交换树脂，王涛等人因此以泡沫镍负载钌催化剂，当泡沫镍表面完全被钌覆盖时，载钌量为 6% 相应的催化能力最强。H. B. Dai 等人采用改良的化学镀层方式制备了 Co-W-B/泡沫镍催化剂。其中，镀层时间、煅烧温度以及 $NaBH_4$ 与 NaOH 的浓度对水解产氢速率影响较大。同时，对 Co-W-B/泡沫镍催化剂的结构（见图 3-7）及催化剂第一次使用的诱导期现象做了研究，结果表明：诱导期与氢气的解吸附与再吸收有关。该课题组采用相同方法制备出 Fe-Co-B/泡沫镍催化剂，产氢速率最大可达 22L/(min·g)，水解反应的活化能为 27kJ/mol。

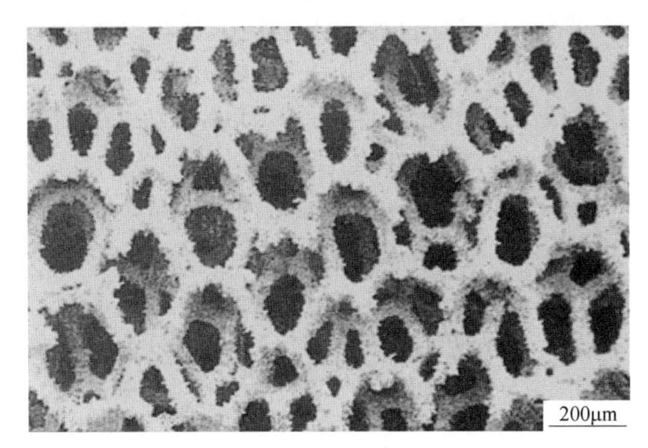

图 3-7　Co-W-B/泡沫镍催化剂 SEM 照片图

Kojima 等人以 $LiCoO_2$ 为载体制备 Pt-$LiCoO_2$ 催化剂，其反应速度是 Ru/树脂催化剂的 10 倍。$NaBH_4$ 在 Pt-$LiCoO_2$ 催化剂上的水解反应模型见图 3-8。即 BH_4^- 在 Pt 上放出电子使 H 氧化，同时该电子将 $LiCoO_2$ 表面吸附水中的 H 还原而生成氢。据估算，Pt-$LiCoO_2$ 催化剂的能量效率为 0.1~0.34kW · g 催化剂。

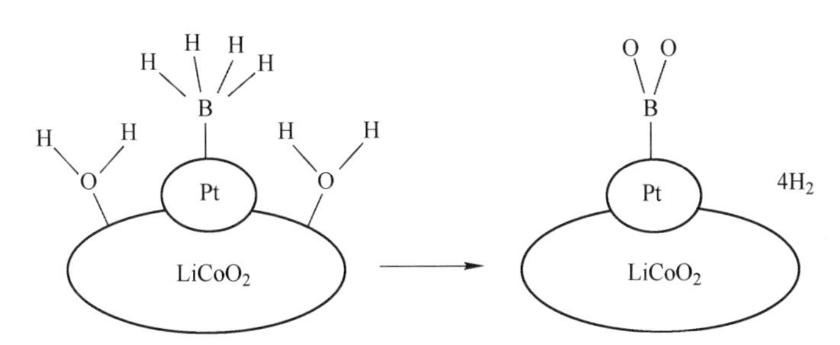

图 3-8　Pt-$LiCoO_2$ 催化剂上 $NaBH_4$ 水解反应模型示意图

在该载体 $LiCoO_2$ 上分散的金属 Pt 的粒径只有 2nm 左右，因此具有非常高的活性比表面积。Liu Zhaolin 等人采用微波快速加热方法制备出 Pt-$LiCoO_2$ 和 Ru-$LiCoO_2$ 催化剂，铂-钌纳米颗粒分布非常均匀（小于 10nm），大部分以 Pt(0) 和 Ru(0) 以及 Pt(Ⅳ) 和 Ru(Ⅳ) 存在，1%Pt/$LiCoO_2$ 和 1%Ru/$LiCoO_2$ 的产氢速率可达 0.045L/(s · g) 和 0.05L/(s · g)，活化能分别为 70.4kJ/mol 和 68.5kJ/mol。

硼氢化钠制氢反应是在强碱性条件下进行的，要求催化剂载体必须具有良好的耐碱性。Valentina 等人以铑为催化剂，γ-Al_2O_3、TiO_2、活性炭作为载体，发现 Rh/TiO_2 催化剂活性最好，在金属 Rh 负载量较低（质量分数

1%）时就可以达到较高的活性，但 TiO_2 为两性物质，不耐酸碱。Xu Dongyan 等人对负载 Pt 催化剂的载体——活性炭、氧化铝和 Vulcan XC-72R 进行了研究，发现活性炭具有最高的催化活性，最高产氢速率可达到 8.5L/(min·g)，并随着 Pt 负载量的增加而增加，并且活性炭在碱性条件下具有良好的稳定性和比较高的比表面积，是理想的催化剂载体。Wu 等人集中研究了各种活性炭在催化中的影响因素，采用 Vulcan XC-72R 炭黑、乙炔黑和珍珠黑炭粉为载体制备了一系列具有较高金属负载量的炭载铂催化剂。虽然 Vulcan XC-72R 的比表面积较低，但却可以获得更小的金属粒径。研究发现，影响催化剂性能的主要因素是金属铂的负载量、Pt 的粒径大小和分布以及载体的微孔结构，而催化剂的比表面积对其性能影响不大。

从经济成本及回收利用的角度出发，Yang 等人采用 SiO_2 作为负载纳米粒径 Co-B 的载体，具有载体负载的 Co-B 与无载体 Co-B 的催化水解能力明显不同。由于 SiO_2 结构的影响，CoB 纳米簇具有更高的分散性和热稳定性，使其具有更高的活性。因此，在 Co-B/SiO_2 催化剂存在下，产氢速率比无负载 Co-B 催化剂高 4 倍。王书明等人以硅藻土负载钴催化剂，将硅藻土用酒精浸泡并经真空干燥，然后浸渍一定浓度的钴溶液，最后烘干、还原干燥即可。在钴的催化作用下，水解反应的活化能从 6.21kJ/mol 降至 56.3kJ/mol，从而降低了活化能，提高了反应速度。R. Chamoun 等人采用黏土作为催化剂的载体。黎巴嫩的黏土经纯化及退火处理后，主要由高岭石和伊利石组成，具有比较大的比表面积和高的活性。在含有质量分数为 15%Co 的催化剂及 60~80℃条件下，产氢速率达到大约 31L/(min·g)。Tian Hongjing 等人采用凹凸棒石黏土负载 Co-B 催化剂（见图 3-9），高浓度 NaOH、高负载量催化剂、高温条件和 $NaBH_4$ 浓度在 15%左右有利于提高产氢速率。催化剂循环使用 9 次后，产氢速率从 1.27L/(min·g) 降到 0.87L/(min·g)，水解活化能为 56.32kJ/mol。

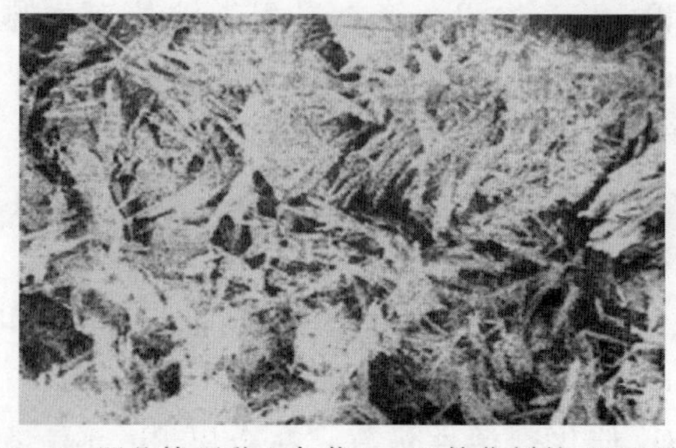

图 3-9　凹凸棒石黏土负载 Co-B 催化剂的 SEM 照片

为了使催化剂分散更均匀，要求载体向复相、多层、多孔的方向发展。Huang Yueqiang 等人以 Co-B 为催化剂，多层面值纳米管为载体（Co-B/MWC-NT），催化剂呈现介孔结构，具有较低的水解硼氢化镁的活化能为 -40.4kJ/mol。在 30℃、20%$NaBH_4$+3%NaOH 溶液中包含 10mg 催化剂条件下，Co-B/C 催化剂产氢速率为 3.1L/(min·g)。而 Co-B/MWCNT 溶液水解也具有较高的活化能，产氢速率不但达到 5.1L/(min·g)，而且 $NaBH_4$ 溶液水解也比较稳定。Murat Rakap 等人采用 Co^{2+} 交换 Y 型分子筛上非骨架 Na^{+}，然后用硼氢化钠还原 Y 型分子筛笼内的 C，形成 Co(0) 纳米团簇分子筛（见图 3-10）。产氢速率与钴的负载量、反应温度和溶液碱度有关。硼氢化钠碱液中钴纳米团簇比较高的催化活性与使用寿命来源于 Y 型分子筛空穴中可以形成小尺寸的纳米团簇胶囊，Y 型分子筛孔道的畅通与主材料不发生任何物质阻碍导致了它具有较高的催化活性。

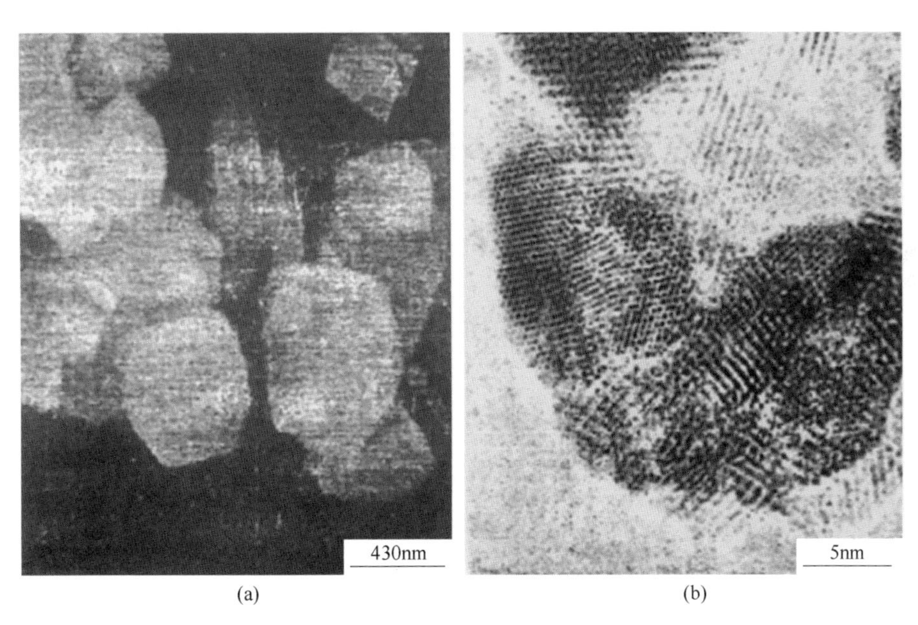

图 3-10 Co(0) 纳米团簇分子筛

（a）扫描电镜图片；（b）高分辨透射电镜图片

Hu Lunghao 等人在单层碳纳米管纸上涂覆一层 SiCN，形成多层的 SiCN/CNT 载体，对金属催化剂（Pt、Pd 和 Ru）的分散效果较为显著。随着碳纳米管纸厚度的减小，硼氢化钠水解产氢速率提高（见图 3-11），三元金属催化效果大于二元金属催化剂（见图 3-12）。SiCN/CNT 载体提供了电子转移途径，BH_4^- 上的负电荷转移到一个氢原子上。多种金属催化可以增加空能级的多样性，增加配体 $[BH_4]^-$ 转移电子的概率，从而提高催化活性。

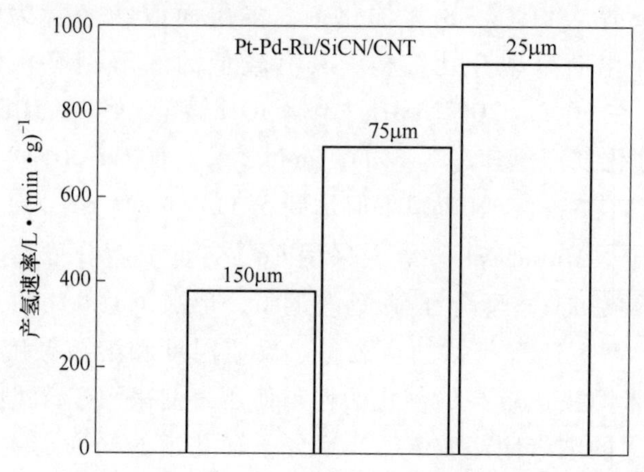

图 3-11 不同厚度的 Pt-Pd-Ru/SiCN/CNT 催化剂对产氢速率的影响

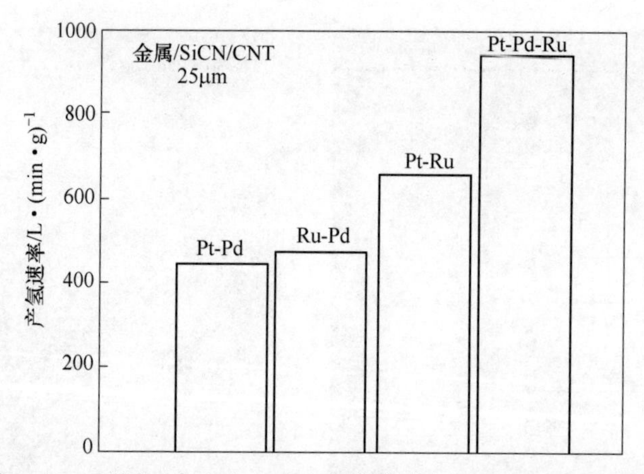

图 3-12 不同双合金和三合金组分催化剂对产氢速率的影响

表 3-6 和表 3-7 是不同催化剂及载体产氢速率的比较以及不同催化剂体系对硼氢化钠强碱溶液水解活化能 E_a 的影响。

表 3-6 在硼氢化钠强碱溶液中不同催化剂产氢速率的比较

催化剂	起始溶液温度 /℃	$NaBH_4$ 含量（质量分数）/%	NaOH 含量（质量分数）/%	平均产氢速率 /L·(min·g)$^{-1}$
Ru/IRA-400	25	7.5	1	7.56
Pd-C	25	1	5	23.00
Pt-Pd/CNT	29	0.1	0.04	9.00
Pt/C	—	10	5	29.60

续表 3-6

催化剂	起始溶液温度 /℃	$NaBH_4$ 含量 (质量分数)/%	NaOH 含量 (质量分数)/%	平均产氢速率 /L·(min·g)$^{-1}$
$Pt/LiCoO_2$	22	20	10	138.70
Co_xB	25	20	5	0.88
Ni_xB	25	1.5	10	0.23
Ni-Co-B	28	3	15	2.61
$Co/\gamma-Al_2O_3$	30	5	5	0.15
Co-B/C	30	约 0.8	约 0.08	3.9
Co-B/C	30	20	3	3.1
Co-B/玻璃态	25	1	5	3.3
Co-B/MWCNT	30	20	3	5.1
Co-P/Cu	30	10	1	0.95
Co-B/Ni 泡沫态	20	25	3	7.20
Co-W-B/Ni 泡沫态	30	20	5	15.00
Ru/IRA-400	32.5	7.5	1	0.6
Pt/XC-72C	30	5	5	3.7
Pt/Al_2O_3	30	5	5	3.0
$PtRu/LiCoO_2$	25	50	5	2.4

表 3-7 不同催化剂体系对硼氢化钠强碱溶液水解活化能 E_a 的影响

催化剂	E_a/kJ·mol^{-1}	$NaBH_4$ 浓度及含量	NaOH 浓度及含量
Co(0) 纳米团簇分子筛	34	0.15mol/L	10%
Ni-Co-B	62	3%	15%
Co-B/Ni 泡沫态	33	20%	10%
Ni_xB	38	1.5%	10%
Co_xB	65	20%	5%
Ru/IRA-400	47	20%	10%
Ru/IRA-400	56	7.5%	1%
$Co/\gamma-Al_2O_3$	33	5%	5%
Co/C	46	5%	5%
Co-B/C	58	0.2mol/L	20mmol
Pd-C 粉末	28	0.005mol/L	pH=13
Ru(0) 纳米团簇	43	0.1mol/L	10%

续表 3-7

催化剂	E_a/kJ · mol^{-1}	$NaBH_4$ 浓度及含量	NaOH 浓度及含量
Pt/$LiCoO_2$	70	10%	5%
Ru/$LiCoO_2$	68	10%	5%
Ni210 粉末	63	0.2%	10%
Co 粉末	42	0.2%	10%
CoB	45	25%	3%
Co-Mn-B 纳米复合材料	55	5%	5%
Ru/C	67	0.993mol/L	3.75%
Pt-Pd/碳纳米管	19	0.1%	0.04%
Co-P	60	10%	1%
Co/AC	44	5%	5%
Co-W-B/Ni 泡沫态	29	20%	5%

E 催化剂失活行为研究

目前，只有少数研究者对催化剂的失活行为进行了初步研究。Kim 等人发现 Ni 催化电极在重复使用 200 次后，产氢速率降为初始值的 76%。研究发现，催化剂表面存在 $Na_2B_4O_7 \cdot 10H_2O$、KB_xO_y 以及 B_2O_3 是导致催化剂表面被氧化使催化剂失活的原因。此外，催化剂比表面积下降也是导致催化剂失活的原因之一。Xia 等人使用 Ru/IRA-400 离子交换树脂催化剂考察 20% $NaBH_4$+10%NaOH 溶液的产氢性能，发现在反应过程中副产物 $NaBO_2$ 结晶产生的张力导致了催化剂的破碎，由于催化剂粉碎形成细小颗粒导致活性比表面积增加，使产氢速率突然增加，然后下降直到反应结束。刘红等人发现副产物对硼氢化钠催化水解反应的影响很大。当不清洗催化剂时，含 10% NaOH 的反应溶液仅进行了 3 次反应，催化剂就失去了活性，在催化剂表面覆盖了一层副产物。当清洗催化剂时，反应循环的次数增加，达到了 8 次，催化剂表面无副产物覆盖，但表面破损严重，致使活性组分流失。造成这种现象的原因除了剧烈反应对催化剂的机械破坏作用外，碱性物质对催化剂的腐蚀破坏也不容忽视。Ozkar 发现将水相分散的纳米 Ru 颗粒催化剂经离心分离，再次在水相中分散后，其催化活性下降了 30%。XPS 分析表明，粒子表面有部分钌被氧化，这可能是催化剂失活的主要原因。

3.2.1.5 副产物对硼氢化钠水解反应的影响及其循环利用

一般按化学计量硼氢化钠水解生成的产物为 $NaBO_2$，事实上硼氢化钠必须在过量水中才能反应完全，生成含水偏硼酸钠 $NaBO_2 \cdot xH_2O$。

例如，在10%NaOH、23℃和0.2g催化剂条件下（其中催化剂717阴离子交换树脂载钌催化剂，载钌量为5%），硼氢化钠催化水解的反应为：

$$NaBH_4+4H_2O \longrightarrow 4H_2+NaBO_2 \cdot 2H_2O$$

$$NaBH_4+6H_2O \longrightarrow 4H_2+NaBO_2 \cdot 4H_2O$$

硼氢化钠催化水解的反应副产物是$NaBO_2 \cdot 2H_2O$和$NaBO_2 \cdot 4H_2O$的混合物，或者可以写成$NaB(OH)_4$和$NaB(OH)_4 \cdot 2H_2O$。要使硼氢化钠催化水解反应完全进行，需要加入5倍于化学计量比的水量。

当只考虑硼氢化钠溶解度时，55g $NaBH_4$/100% H_2O相当于储氢质量密度为7.5%，如果综合考虑产物偏硼氢酸钠的溶解度，这就意味着储氢质量密度只能达到2.9%，远远低于美国DOE 2010年6%的目标，因此副产物偏硼酸钠的形成与处理对于作为储氢材料硼氢化钠的释氢性能的研究是非常重要的。

副产物对硼氢化钠催化水解反应的影响很大。当不清洗催化剂时，含10%NaOH的反应溶液进行了3次反应，在催化剂表面覆盖一层副产物，催化剂失去活性。当清洗催化剂时，增加反应循环次数达到8次，催化剂表面无副产物覆盖，但表面破损严重。造成这种现象的原因除了剧烈反应对催化剂的机械破坏作用外，还有碱性物质对催化剂的腐蚀破坏，并且若副产物在反应器下游流程析出，会造成管道堵塞。因此，在实际应用中，产物$NaBO_2$的分离及循环利用是非常关键的，而目前这方面的研究工作还较少。

HasanK. Atiyeh等人采用三种商售的纳米滤膜［FilmTec™NF-70、FilmTec™NF-270和GE Osmonics thin film(TF)，NF-DL］分离原料与产物，后两种能够成功分离出硼氢化钠和偏硼氢酸钠，但由于进料的碱性与硼氢化钠的存在，随使用时间的延长，高分子膜性能降低，从而影响膜的化学稳定性。

据报道，硼氢化钠水解产物$NaBO_2$可与钙镁氢化物或金属Mg和H_2反应重新生成硼氢化钠。反应式如下：

$$2Ca(Mg)H_2 + NaBO_2 = NaBH_4 + 2Ca(Mg)O$$

$$NaBO_2+2Mg+2H_2 = NaBH_4+2MgO$$

在与Mg和H_2的反应中，氢气压力、反应温度以及添加剂Fe、Co、Ni对反应均有影响，较高的反应温度及氢气压力都有利于硼氢化钠的形成。但若反应温度接近Mg的熔点，则会阻碍反应的进行。反应中H_2分裂是反应的必要步骤，添加剂可以促进催化氢气的裂解，从而促进Mg的氢化反应。其中Ni可以与Mg形成合金，相界的形成可能促进氢气通过氢化物层扩散，并且添加剂 Ni 可以降低反应温度，因此，Ni 的催化效果最好。添加剂降低活化能的幅度不大，催化效果体现在促进氢气的分裂和氢化物的形成方面。

但是，$NaBO_2$ 不能与 Al 和 H_2 反应直接生成 $NaBH_4$，而 $Na_4B_2O_5$ 可以与 Al 和 H_2 反应生成 $NaBH_4$、$NaAlO_2$ 和 $NaBO_2$，因为 Al 颗粒的富氧层会抑制硼氢化钠的形成，$Na_4B_2O_5$ 中加入 Na_2O 可避免 Al_2O_3 的产生。在此体系中硼氢化钠的最高产率为65.8%，反应式为：

$$4Al+6H_2+Na_4B_2O_5+NaBO_2+Na_2O=3NaBH_4+4NaAlO_2$$

3.2.2　固体硼氢化钠水解制氢

针对能源装备小型化的要求，固体硼氢化钠可以代替硼氢化钠的强碱溶液在线供给质子交换膜燃料电池氢气，当水与硼氢化钠摩尔比大于4：1时可以达到90%的转化率。比较硼氢化钠溶液的产氢装备，固体硼氢化钠制氢在储氢密度、产氢速率和燃料转化方面具有明显的优势。在催化剂的驱动下，固体硼氢化钠水解的起始反应非常迅速，反应放出的热量使体系温度升高，超过了 $NaBO_2·4H_2O$ 的熔点，而使其熔化，从而加速水解反应，其中无机酸和羧酸也可以促进氢气的产生。在产氢过程中，不同酸液流过固体硼氢化钠发生反应，酸液的流过方式及扩散类型对氢气的产率有较大的影响。在无催化剂的条件下，酸的浓度和反应界面的形貌是氢气高产率的关键因素。Dai Hongbin 等人采用硼氢化钠、铝和氢氧化钠固体混合粉末与氯化钴水溶液反应制备氢气。通过调节水溶液与固体粉末的接触，产氢速率很容易被控制。Y. Chen 等人在聚乙二醇或藻酸钠中加入 CoB 催化剂和 $NaBH_4$，形成干凝胶或圆形颗粒状物质，使用时放入纯水中可以制得氢气，这种产氢方式可以用于便携的燃料电池中。

对于硼氢化钠水解制氢应用于质子交换膜燃料电池，国内外的工作者虽然已在硼氢化钠强碱溶液水解制氢反应机理、反应条件控制、催化剂选择与制备、副产品循环利用以及燃料电池反应体系装备方面做了大量工作，但在催化剂失活及其使用寿命、产氢量和速度的控制、副产品沉淀处理及其循环利用以及降低硼氢化钠成本方面工作较少。局限于副产品偏硼酸钠溶解度，硼氢化钠强碱溶液制氢体系只能应用于小型的电动设备，如欲降低成本、提高产氢率和储氢密度，则需在固体硼氢化钠水解制氢及副产物的分离及循环利用方面多做努力。

硼不仅能形成多种氢化物，如 B_2H_6、B_4H_{10}、B_5H_9、B_6H_{10} 及 $B_{10}H_{14}$ 等，而且还能形成一系列硼氢阴离子，如 BH_4^-、$B_3H_3^-$、$B_{11}H_{14}^-$ 等。其中以硼氢离

子 BH_4^- 最为重要，许多金属元素，如 Li、Na、K、Be、Mg、Ca、Zn、Al、Ti、Zr、Th 和 U 等的硼氢化物均已制得，硼氢化物可以看作是它的金属衍生物。

常温下硼氢化钠的水溶液释放出氢气，释放速度先快后慢。这是由于生成了强碱性的偏硼酸钠的缘故：

$$NaBH_4+2H_2O \xlongequal{} NaBO_2+4H_2\uparrow$$

因此，硼氢化钠在碱性水溶液中是稳定的，而在酸性水溶液中则很快被分解：

$$2NaBH_4+2HCl \xlongequal{} 2NaCl+B_2H_6+2H_2\uparrow$$

硼氢化钠不溶于乙醚，微溶于四氢呋喃，可溶于乙二醇、二甲醚，易溶于液氨和胺类中。溶于甲醇并与之起反应，在60℃时能迅速释放出氢气，与乙醇反应缓慢，与异内醇反应更慢。

固体硼氢化钠（$NaBH_4$）是常用的络合型氢化物，是一种性能独特的还原剂和高贮氢密度材料，以其优良的还原性而著称。作为还原剂，硼氢化钠广泛应用于医药农药中间体的合成、有机化学品的纯化、纸浆的漂白脱墨、贵金属与重金属的回收及工业废水处理等诸多领域。

在节能方面应注意以下几点：

（1）由于硼酸三甲酯等含硼原料直接采用硼酸，不需对硼矿进行另外的加工处理，因而不需再消耗能源。

（2）粗镏精镏结晶用水可返回工艺流程中循环使用，以节约用水，要设置凉水塔。

（3）搞好工艺设备的选型，电动搅拌防止“大马拉小车”，设计合理选配，以节约能源。

（4）加热系统设备及管路要做好保温，尽量减少热损失，所用加热设备要严格掌握好温度。

（5）做好二次蒸汽的回收利用。

在主流工艺流程设置上应注意以下几点：

（1）在设备选型和材质标准上以符合使用要求为宗旨，不追求高档。在可能情况下采用代用品，如有的料罐内能不用不锈钢就不用，以节省设备投资。

（2）在机械化和自动化控制方面，不追求高标准，以可用为原则。

（3）主要设备建立适量的备品备件系列，并尽量安排单系列，以节约工程投资。要搞好经常性维修，保证正常工作运转。

（4）在保证产品质量的前提下，要在流程上设置固体分离 $NaBH_4$ 产品。

母液尽可能进行回收，既为本工程创造经济效益，又能很好地回收母液中的 $NaBH_4$。

硼氢化钠的生产可分为干法和湿法两类。干法是用无水硼砂和石英砂在高温下熔融反应生成硼氢化钠，将后者粉碎后与金属钠和氢气在 450~500℃ 温度和（3.04~5.07）×10^5Pa 压力下反应，生成硼氢化钠和硅酸钠，化学方程式如下：

$$Na_2B_4O_7+7SiO_2+16Na+8H_2 \longrightarrow 4NaBH_4+7Na_2SiO_3$$

所得混合物用液氨萃取分离出 $NaBH_4$。

湿法是先用硼酸和甲醇反应合成硼酸三甲酯：

$$H_3BO_3+3CH_3OH \longrightarrow B(OCH_3)_3+3H_2O$$

将金属钠分散于石蜡油中，通氢气合成氢化钠：

$$2Na+H_2 \longrightarrow 2NaH$$

然后硼酸三甲酯和氢化钠在石蜡油介质中合成硼氢化钠：

$$4NaH+B(OCH_3)_3 \longrightarrow NaBH_4+3NaOCH_3$$

一般工业上主要使用湿法生产硼氢化钠，整个工艺过程可分为 4 个步骤。

若可利用液体 $NaBH_4$ 产品做原料制取固体 $NaBH_4$ 产品，即可在硼氢化钠碱性水溶液中，加入异丙胺（$(CH_3)_2CHNH_2$，在萃取器中将 $NaBH_4$ 萃取到有机相中，然后再在另一萃取器中用稀 NaOH 溶液反萃。异丙胺回收利用。湿晶体干燥之后得到 $NaBH_4$ 固体产品，其纯度不低于 98%。

4 硼氢化钠制氢产业化

目前硼氢化钠工业生产方法主要有硼酸三甲酯-氢化钠法，即以硼酸三甲酯为原料经与氢化钠反应而制得硼氢化钠。工艺过程是先将氢化钠送入缩合釜中，在搅拌下加热至220℃，开始加入硼酸甲酯，升温至260℃停止加热，反应温度控制在280℃，反应结束后，冷却至100℃以下离心分离，所得到的硼氢化钠缩合滤饼，经水解器加水，缓缓水解、分离、静置分层，下层即为硼氢化钠水溶液成品。

第二种工业生产方法是硼砂-金属氢化还原法。工艺过程是将无水硼砂、石英砂和金属钠按照一定重量的配比，一次性地加入到反应釜内，然后通入氢气，在0.057MPa氢压下升温至360~370℃，待吸氢完毕后，再保温一定时间，即可制得白色晶体硼氢化钠，产品纯度可达97%以上，总收率（以硼砂计）达70%以上。该法的优点是原料易得、工艺先进、流程短、后处理方便、不需消耗大量的有机溶剂、无三废污染等，但对设备要求较高，工艺条件不易控制。消耗定额为：硼砂（工业品）3.6t/t、金属钠（工业级）3.47t/t、氢气（工业级）300瓶（小型）、石英砂（工业级）3.97t/t。

此外国外还有氢化钙、偏硼酸钠-金属钠法，氢化钠-三氟化硼法。

近几年来，国外针对化学法制硼氢化钠需耗用大量贵重的金属钠，成本高，同时也限制了该产品应用的状况，为降低生产成本，开发了电解法制硼氢化钠新工艺。电解法工艺是在阳离子选择隔膜的电解槽内将硼酸根离子在阳极室还原成硼氢化物离子，生成碱金属硼氢化物溶液，再自硼氢化物溶液中分离制得硼氢化物。其总反应式为：

$$MeBO_2+2H_2O \longrightarrow MeBH_4+2O_2$$

式中，Me为碱金属。

用硼砂作原料即可。如用硼酸作原料需要相应的碱金属氢氧化物、氯化物、硫酸盐或碳酸盐。该方法投资省、成本低，且可省去化学法中使用的大量的金属钠，目前国内有的科研院所正在开发，但尚未实现工业化生产。

另外，国外还有一种固相反应法，即氢化镁（MgH_2）在硼酸盐存在下在高速球磨机中进行反应制取硼氢化钠的方法。

氢能是一种清洁能源，氢气应用于燃料电池存在诸多问题，主要是缺乏方便、可直接利用的供氢方法和安全、高效、经济及轻便的储氢技术。目前，已经应用的氢气的生产方法很多。对于实验室制氢主要采取以下几种方法：金属与酸反应、金属与水反应、金属与强碱反应、金属氢化物与水反应以及实验室规模的水溶液电解法等。对于工业制氢的方法主要有甲醇蒸气转化制氢、电解水制氢、烃类氧化重整制氢以及其他含氢物质分解制氢等。$NaBH_4$ 水解制氢技术是一种安全、方便的新型氢气发生技术。与其他储氢方式相比，硼氢化钠储氢量高；储存、使用安全，运载方便；氢气纯度高，能源利用率高，反应速度比较稳定；并且催化剂在使用后可以通过常规方法回收，可循环利用等。因此，硼氢化物水解制氢可作为质子交换膜燃料电池供电系统的在线氢源，引起人们的广泛关注。目前国内外对硼氢化物催化水解制氢技术的研究主要集中在催化剂性能、水解产物的回收利用、制氢技术的应用等方面。

4.1　硼氢化钠强碱溶液制氢工艺

前述有关章节主要针对硼氢化钠水解反应条件，如 pH 值、反应温度、硼氢化钠浓度、压力、催化剂以及副产物对硼氢化钠水解反应的影响及其循环利用进行了研究，本节主要针对硼氢化钠水解制氢的工艺流程及其装置进行详细论述。

4.1.1　硼氢化钠水解制氢工艺流程

硼氢化钠水解制氢工艺一般包括三个过程；

(1) 原料的配制及输送，即硼氢化物与稳定剂以一定比例配制成溶液，一般是硼氢化钠与氢氧化钠配制成硼氢化钠强碱溶液，然后泵入催化反应器。

(2) 硼氢化钠强碱溶液与催化剂接触反应制备氢气，其中需要考虑散热、催化剂流失和产氢速率等问题。

(3) 氢气的净化，因为水解反应是放热反应，硼氢化物强碱溶液水解反应放出的气体包含有气化的水蒸气、碱性杂质和氢气，所以需要除去水蒸气及杂质，并且氢气供给燃料电池，燃料电池所生成的水可以返回反应器参与水解反应。

除此之外，现今人们正在积极开展反应产物偏硼酸钠的低成本、高转化率循环利用研究，在以后的工艺流程中势必会加上副产品的循环利用这一环节。

硼氢化钠水解制氢的工艺流程如图 4-1 所示。首先采用泵将硼氢化钠强碱溶液从原料罐以一定的进料速度打入装有一定质量催化剂的反应器中，在催化剂的作用下，$NaBH_4$ 迅速水解释放出氢气、热量及副产物 $NaBO_2$。生成的氢气伴随着副产物、NaOH 以及未反应完的 $NaBH_4$ 进入气液分离罐中，大量分离下来的液体留在罐中定时排放回收，分离出来的氢气夹带着部分碱性杂质进入气罐，经过其中的水洗或酸洗后，可以直接用于燃料电池。

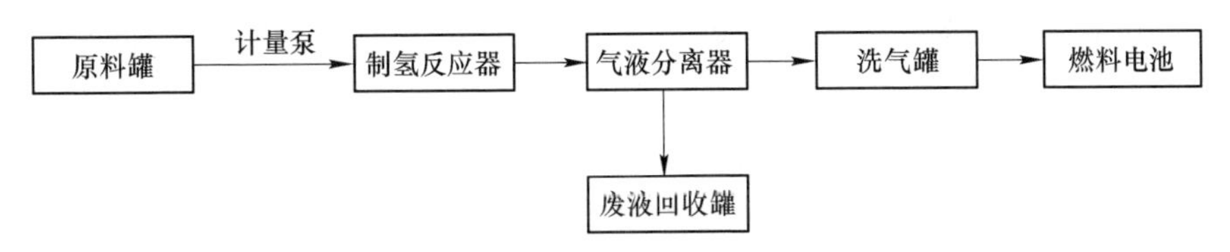

图 4-1 硼氢化钠水解制氢的工艺流程

在实用化储氢制氢系统的研究方面，美国的研究机构占据了主导和领先地位，日本、韩国也在积极开发中，我国也做了部分研发工作。

美国千年电池公司开发的 Hydrogen on Demand™ 硼氢化钠制氢系统已成功应用于福特公司的越野车和维多利来皇冠轿车，此外也成功用于戴姆勒-克莱斯勒公司推出的燃料电池“钠”概念车。2004 年起千年电池公司开始致力于将硼氢化钠制氢系统应用于便携式电子设备上，这些设备可以广泛应用于军事、医用器械及个人消费品等领域。图 4-2 为 Hydrogen on Demand™ 硼氢化钠制氢系统流程示意图。在此系统中，通过热交换器及冷却回路可以消除水解反应中释放的热量，燃料电池反应生成的水分返回至反应室中从而实现循环利用。在副产品 $NaBO_2$ 循环利用方面，该公司 Amendola 等人采用

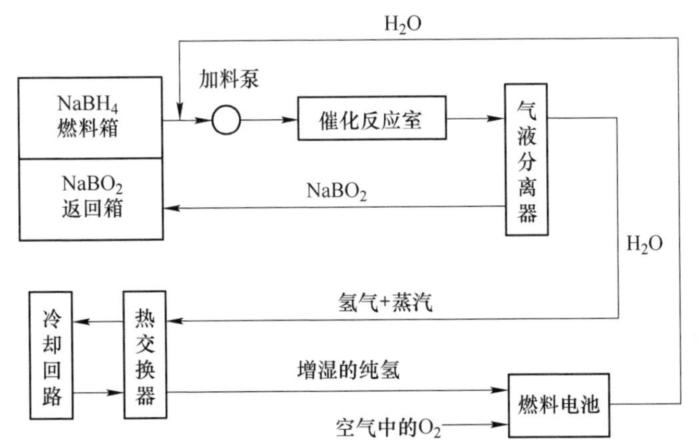

图 4-2 Hydrogen on Demand™ 硼氢化钠制氢系统流程示意图

多步化学还原的方法研究了 $NaBO_2$ 的还原再生。所发明的电化学还原 $NaBO_2$ 制备 $NaBH_4$ 技术，采用水溶液体系，阴极为汞、汞齐或汞膜电极，电极材料中可含有碲或碲化物，阳极为涂金或铱的氧化物。专利中还特别指出，为了抑制氢气的产生，阴极中必须含有高氢过电位的材料，例如铋、铅、锡、铊、镉、镓、铟等。

韩国的 Zhang Jinsong 等人开发了 1kW 级 $NaBH_4$ 制氢系统（见图 4-3）。该系统主要包括原料罐、反应器和产物分离系统。首先，硼氢化钠溶液泵入填充层式反应器，发生水解反应，因为是放热反应，水汽化后与产物氢气混合，所以反应器催化床上流动的是多相（气相和液相）多组分的混合物（$NaBH_4$、NaOH、$NaBO_2$、H_2O、H_2）。在气-液分离器中，产物蒸气分离为氢气和 $NaBO_2$ 溶液。其中，高温氢气中包含有大量水蒸气，通过热交换器冷凝水蒸气，经过气液分离器和排出阱分离出氢气，然后氢气中遗留的少量的水分可通过干燥器除去。氢气的生成速度由硼氢化钠泵入速度决定。当用于动力汽车时，硼氢质量分数不能高于 15%，如果高于 15%，需要考虑蒸汽的排出问题；如果高于 20%，体系不能达到稳定的状态，体系压力和温度上升，导致系统故障。

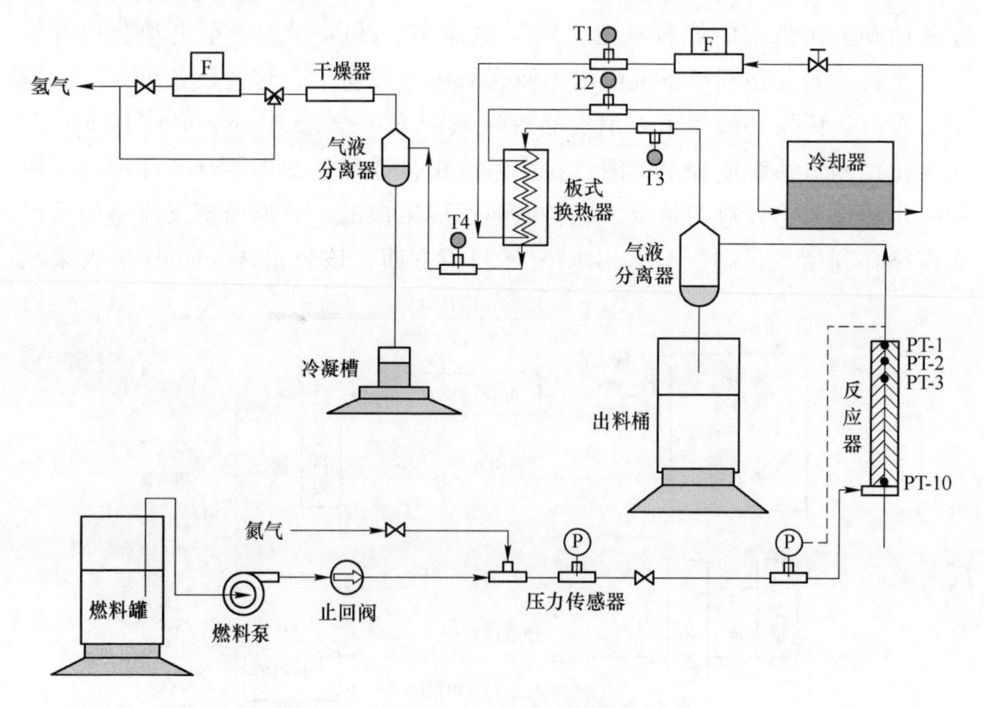

图 4-3 1kW 级 $NaBH_4$ 制氢系统示意图

4.1.2 硼氢化物水解制氢装置

硼氢化物水解制氢一般是在氢气发生装置中进行的，即硼氢化物水解制氢装置。一般来说，用于燃料电池的硼氢化物制氢装置都要求满足外部氢气需求量或者需求速度的变化，要求稳定输出，产氢速率可以通过控制反应原料与催化剂的接触量来控制，并且可以通过氢气压力差来即时控制氢气的输出。其中，催化剂的流失问题、反应热副作用的解决、氢气中碱液的消除以及减小氢气存储系统的容积、尺寸和复杂性都是很重要的问题，并且对于多种用户的用途，需要设计合适的制氢装备。

4.1.2.1 利用压力差自动控制制氢装置

一般制氢装置的结构设计关键在于反应室的设计，这影响到反应溶液的流速、液态以及溶液与催化剂的接触方式，从而影响产氢速率与系统的稳定性。在实际应用中，特别针对一些小型便携式电池设备，硼氢化物水解制氢装置设计中要考虑设备体积与重量的最小化，系统操作简单合理，产氢速率以及氢气纯度要求精确控制等。一般硼氢化钠水解制氢反应系统在催化剂作用下可以通过两种方案实现：第一种方案是通过改变催化剂与溶液的接触面积来改变反应的速度，接触面积越大，反应速度越快，产氢量越大；第二种方案是使用小型机械泵将硼氢化钠溶液注入装有催化剂的管式反应器，通过控制硼氢化钠溶液的流速来控制产生氢气的速度，该方案可对氢气需求量的变化做出快速响应，易实现输出氢气流量准确控制及系统参数的智能控制。

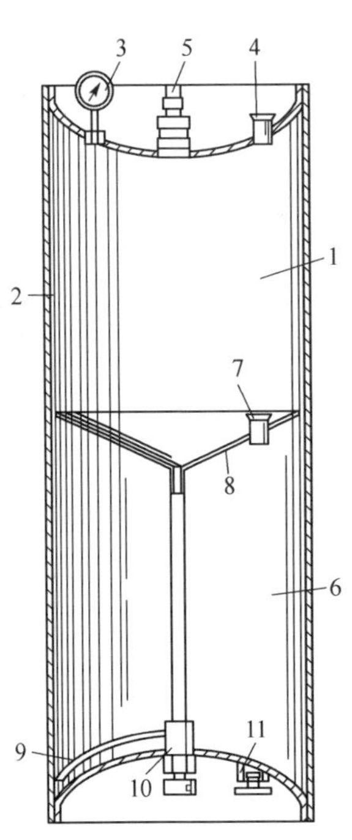

图 4-4 制氢装置图（一）
1—反应室；2—催化区域；
3—压力表；4—安全阀；
5—快速解开配件；6—原料室；
7—安全阀；8—锥形障壁；
9—通道；10—阀门；
11—密封的供料口

1969 年，L. M. Litz 等人设计的硼氢化物水解制氢设备（见图 4-4）采用第一种制氢方案，这种紧凑、便携、自给式装置可以自动调整产氢速率。装置上部由反应室和催化区域组成，下部为原料室。通道 9 上装有阀门 10，与原料室 6 下部和反应室 1 下部相连，为了使原料室中的原料压入反应室，可以在加入原料室中填充惰性气体（例如氮气）以增大原料室的压力，打开阀门 10，原料溶液进入反应室与催化剂接触反应生成氢气。在反应室中，随着反应溶液水位的上升，反应溶液可以接触到更大的催化剂表面积，导致产氢速率增加。当抽取反应室中的氢气速率小于产氢速率时，反应室内的气压上升，反应溶液被压入原料室，使反应液面下降，降低催化剂的接触面积，从而使产氢速率下降。反之，当抽取氢气的速率小于产氢速率时，反应室内的气压下降，反应溶液被压入反应室，使反应液面上升，增大了催化剂的接触面积，从而使产氢速率上升。因此，该装置中可以通过调整抽取氢气的速率控制产氢速率。

Michael Strizki 等人设计的自控制氢装置中（见图 4-5），增加了散热装置及气液分离装置，通过调节燃料罐与催化室的相对位置来控制产氢速率。在制氢过程中，催化室与燃料罐的反应溶液接触产生氢气，当生成氢气的压力大于一定水平时，燃料罐中所生成的氢气压力自动促使催化室脱离或减少

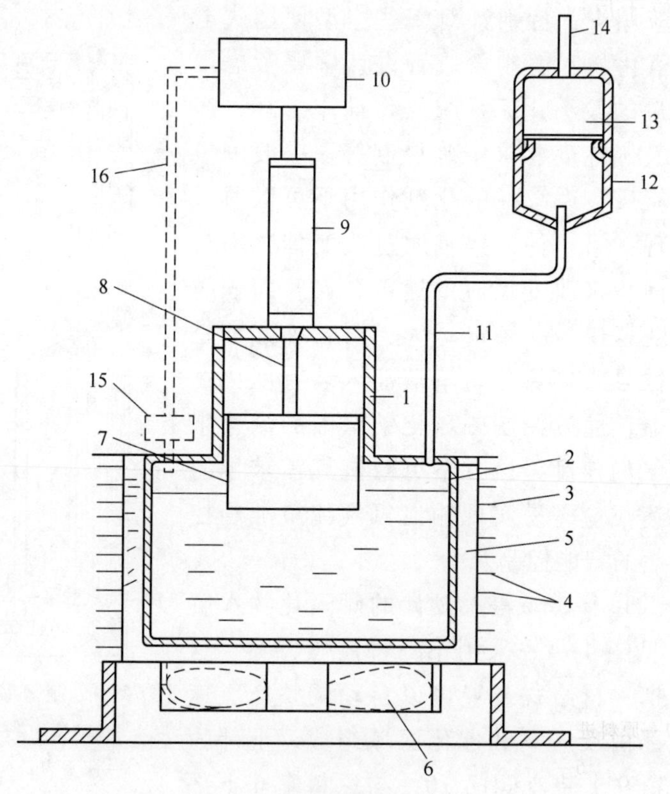

图 4-5 制氢装置图（二）

1—燃料罐；2—燃料罐外壁；3—燃料罐内壁；4—散热片；5—夹层材料；6—风扇；7—催化剂；8—轴；9—汽缸；10—制动机；11—导管；12—气液分离器；13—隔膜；14—输出导管；15—传感器；16—操纵管

与原料的接触面积，从而降低产氢速率；当氢气压力降至某一水平时，催化室将自动向下移动，增大催化室与反应溶液的接触面积，增大产氢速率，从而自动调控产氢速率，直至原料消耗殆尽。原料罐中的硼氢化钠和偏硼酸钠可以排出，按照需要重新注入原料。

国内汉能科技有限公司在制氢系统的研究中，在氢气的即时自行控制、催化剂固定床和氢气净化系统方面也做了一些工作。该公司设计了一种自控制氢装置，原料与催化剂的接触方式属于第二种方案，即通过反应溶液的流速来控制产氢速率。该系统能即时自行控制反应速度，原料与废液可以分离，反应控制比较精确。该制氢系统（见图 4-6）原料进口、氢气出口位于反应室的顶部，废液出口位于反应室的底部，反应室的顶部设有流量调节装置，包括设置于氢气出口上的旁路、设置于原料进口上的调节阀、与调节阀相结合的传动装置，旁路的末端设有弹性元件，弹性元件与传动装置连接；催化剂柱体位于反应室底部的支架上，并位于原料进口的垂直下端；原料能够从顶部直接滴加到催化剂上启动反应。

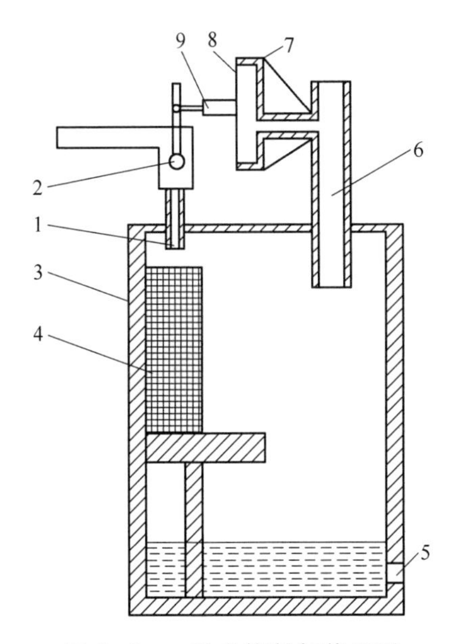

图 4-6 一种自控制氢装置图

1—原料进口；2—调节阀；3—反应室；4—催化剂柱体；5—废液出口；
6—氢气出口；7—旁路；8—弹性元件；9—传动装置

当反应开始后，如果氢气产生的速度大于外界系统的需求时，反应室内部压力增大，由于旁路末端的弹性元件可以伸缩，气压使得弹性元件膨胀，带动连接杆压迫阀柄倾斜，继而使调节阀关小原料流量，反应速度减慢，使得氢气产生的速度也减小；反之，当氢气产生的速度小于外界系统的需求时，反应室内部压力减小，使得弹性元件收缩，带动连接杆拉动阀柄反向倾斜，继而使调节阀加大原料流量，反应速度增加，使得氢气产生的速度也增大。反应生成的废液从支架上流到反应室的底部，可定期从废液口排出。

4.1.2.2 催化反应装置

硼氢化钠水解制氢工艺中，要达到较高的产氢速率，需要保证 $NaBH_4$ 溶液在反应室内与催化剂充分接触。为了降低制氢成本，需要控制催化剂的流失以及增加催化剂循环使用的次数。

在实际应用中，粉末状的雷尼催化剂（包括雷尼镍、雷尼钴、雷尼钴-镍）在实际应用中容易流失，一方面增加了生成氢气与催化剂分离的难度，另一方面消耗了大量的催化剂，使成本增加。肖钢等人将固定床雷尼催化剂或固定床雷尼合金（包括成型镍-铝合金、钴-铝合金或镍-钴-铝合金）装入反应器内，可避免催化剂的流失。操作中将燃料罐中的硼氢化物强碱溶液导入反应器，反应溶液中的氢氧化物将固定床雷尼合金浸取活化，活化得到的固定床雷尼催化剂可催化水解硼氢化物，无需控制浸取时间，待固定床雷尼合金浸取完全后，浸取过程即结束。由于反应溶液中硼氢化物的浓度恒定不变，控制反应溶液的流速稳定，所以可以获得平稳的产氢速率。

另外，若要达到比较高的循环使用次数，催化剂及其载体需要一定的耐碱性和比较好的化学稳定性能。例如，钴-镍等金属催化剂在强碱中趋于溶解，易造成催化剂的流失；$Pt-TiO_2$、Pt-CoO 和 $Pt-LiCoO_2$ 等虽然催化制氢的速度较高，但其化学稳定性较差。A. Pozio 等人根据 Erredue Srl 发明的氢气发生器原型制造了一种带磁性的反应器，如图 4-7 所示。这种带磁性的反

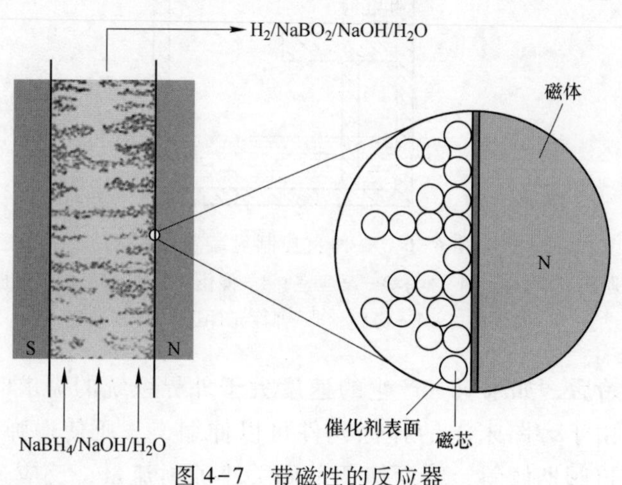

图 4-7 带磁性的反应器

应器由两个同轴的圆柱体构成，在内管中填充带有磁性的催化剂，硼氢化物强碱溶液从柱体底部进入，与催化剂反应生成氢气，氢气从柱体上部溢出，经过硅胶干燥剂，除去多余的水分。其中，催化剂由直径为10μm的磁性球体组成，并在其表面涂有Ru的涂层，Ru催化剂均匀地分布于磁性球体表面上。由于催化剂的铁磁特性，反应中可避免其流失，易于回收利用，并且这种特殊的催化剂可以保证高的反应速度且能提高其化学稳定性。

4.1.2.3 氢气净化装置

硼氢化钠水解是一个放热反应，每产生1mol氢气放出75kJ热量，从而使得反应液温度升高。在较高的温度下，生成的氢气会将溶液中的碱液带出。如果不除去氢气中的碱性杂质，将会对燃料电池的电堆造成损害，缩短了电堆的使用寿命。在工艺流程中安装氢气净化装置可以除去碱性杂质提纯氢气。净化装置一般由气液分离器和除碱装置组成，气液分离部分的底部设有透气性隔板，其上可以装填泡沫金属（泡沫镍、铁、铜等），氢气经过气液分离部分装填的泡沫金属，可以实现有效的气液分离。除碱装置内部装有碱性物质和吸附物质等，可进一步脱除经过气液分离器的氢气中的少量碱液。净化装置（见图4-8）也可由洗液池、除雾装置和固体除碱装置组成。洗液池中洗液为酸或水；除雾装置为间错挡板、折流板、丝网、旋流板、波纹板、蛇形板中的一种；固体除碱装置包括多孔支撑层、除碱剂，除碱剂置于多孔支撑层上，多孔支撑层优选为多孔析或丝网。含有碱性杂质的氢气首先在洗液池内经酸洗或水洗，脱除部分碱，然后上升至除雾装置，气体中的雾状碱性液滴冷凝并停止上升，脱除了大部分雾状碱性液滴的气体继续上升至固体除碱装置，通过多孔支撑层上的除碱剂继续脱除碱，得到纯净的氢气并从氢气出口排出。

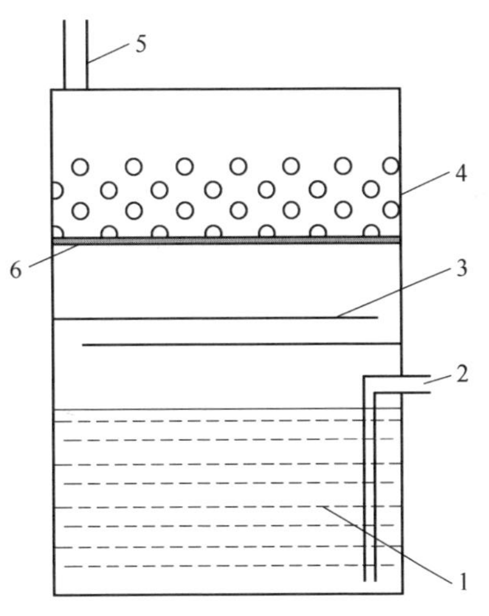

图4-8 氢气净化装置

1—洗液池；2—含碱杂质氢气入口；3—除雾装置；4—固体除碱装置；5—氢气出口；6—多孔支撑层

4.2 固体硼氢化物制氢工艺

在生产和储运等过程中，硼氢化钠或硼氢化钠与稳定剂的混合物以固体形式或压片方式封装在包装袋中，可以保证使用前产氢装置的体积最小化，并且由于在保存和储运过程中不制成溶液，消除了硼氢化钠在此过程中水解的可能性，大大提高了存储过程中的安全性和高效性。

Bae 等人发明的一种磁性启动制动器可以根据氢气发生器中的氢气压力自动添加固体氢源进入溶液，装置如图 4-9 所示。在磁性启动制动器使用前，进料的平衡状态和工作条件需要提前选择，例如，进入气室 23 和 24 的空气流量和压力、*S* 的尺寸和距离、磁铁 16 和 17 间的斥力、托架 13 和弹簧变形系数等都需预先设定。固体氢源可以由硼氢化钠或硼氢化钠与稳定剂的混合物压制而成小球 6，溶液 28 为金属盐类催化剂水溶液，小球进入储液槽 27 与溶液 28 反应生成氢气，出气口 4 通过气道 25 和 31 与缓冲区域 29 相连接。磁性启动制动器根据缓冲区域 29 压力的变化而移动，从而影响气道 25

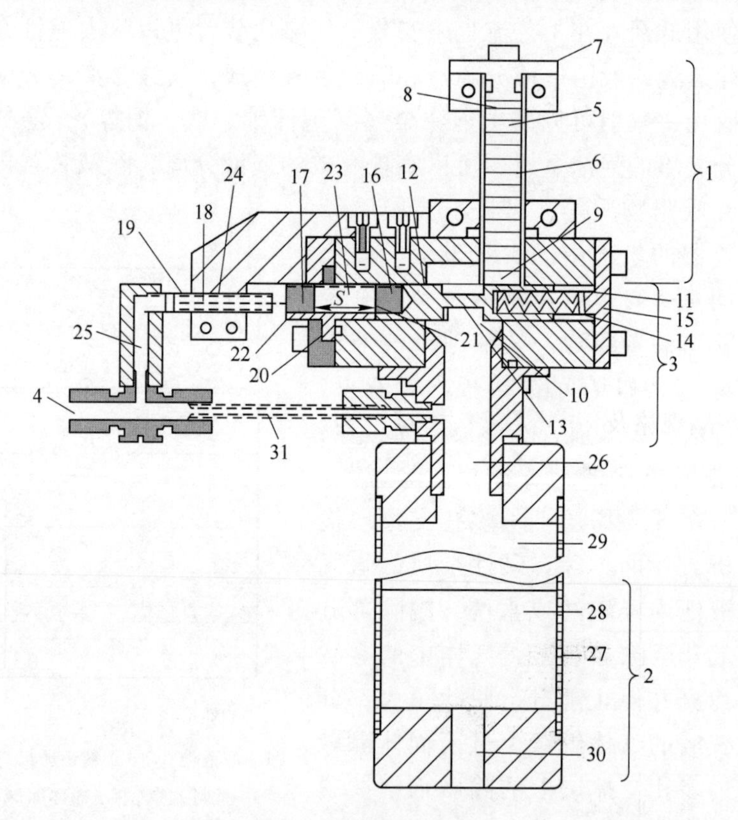

图 4-9 氢气发生器

1—储料单元；2—反应单元；3—磁性启动制动器；4—出气口；5—储料室；6—堆垛小球；7—密封盖；8—储料室上端；9—储料室下端；10—传送装置；11，12—U 形部件；13—托架；14—弹簧；15—弹簧盖；16，17—磁铁；18—活塞；19—汽缸；20—管状分离器；21—分离器末端；22—分离器开口；23，24—气室；25，31—气道；26—增压空间；27—储液槽；28—溶液；29—缓冲区域；30—加料口压力的变化。当气道 25 压力较高时，托架向储料室移动，装载上堆垛小球 6。当氢气从出气口 4 释放后，气道 25 压力变小，托架在弹簧的带动下返回至增压空间上部，卸料进入反应室，与催化剂溶液反应生气氢气。

4.3　硼氢化钠水解制氢工艺及控制系统的开发

为了更加精确地控制制氢工艺的各个过程，实现制备过程自动化，向燃料电池提供符合要求的氢气源，就需要进行硼氢化钠水解制氢控制系统的开发。主要是在制备氢气过程中，通过控制体系温度、压力、湿度、催化剂的接触状况、溶液供应模块、功率调节单元等，提供压力和流量可控的气源。这样制得的氢气安全可靠、纯度高，不需要加湿装置，可直接供给百瓦级至千瓦级的燃料电池使用。因此，控制系统开发的关键在于对温度、湿度、压力等参数的集成控制，以及对氢气泄漏的检测和安全性的控制。

华南理工大学设计了一种硼氢化钠水解制氢系统，包括硼氢化钠制氢装置及其控制系统，该控制系统利用单片微控制器对硼氢化钠制氢系统中多种参数进行集成控制，达到反应系统安全可靠、自动化操作的要求，可以直接为燃料电池提供流量和压力稳定的氢源。

装置规模：产品氢气（标态）300m^3/h；装置弹性范围：50%~110%；装置年操作时间：8000h。

4.3.1　产品规格及原料气规格

产品规格如表 4-1 所示。

表 4-1　产品规格

序号	指标名称	数　值
1	H_2 含量（体积分数）/%	99.99
2	CO 含量/%	$<5\times10^{-4}$
3	总碳/%	$<15\times10^{-4}$
4	露点/℃	-60
5	压力/MPa	1.5
6	温度/℃	40
7	流量（标态）/$m^3\cdot h^{-1}$	1600 或 2×800

原料气为天然气，其成分（由业主确定）如表 4-2 所示。

表 4-2　天然气成分

成分	N_2	CH_4	C_2H_6	CO_2	C_3H_8	$\sum$
体积分数/%	1.36	97.44	0.3	0.87	0.03	100

天然气中的 H_2S 含量（标态）为 $40mg/m^3$。天然气压力为 0.6～0.8MPa。天然气温度为 40℃。

4.3.2　工艺设计

4.3.2.1　工艺原理

本装置以天然气为原料，经压缩、脱硫后与水蒸气进行转化反应，制得氢含量大于 70%（体积分数）的富氢转化气。富氢转化气经变压吸附（PSA）单元分离提纯即得到纯度为99.99%（体积分数）的产品氢气。工序包括天然气压缩、脱硫转化、变压吸附提纯等。

A　原料气脱硫

原料气中的硫化物会使转化催化剂失去活性，故天然气需脱硫，使原料气中硫含量小于 $0.2\times10^{-4}\%$。在压力为 0.3～3.0MPa、温度为 350～400℃的条件下，用四川天一科技股份有限公司生产的 MF-2 型铁锰锌脱硫剂和氧化锌脱硫剂同时进行有机硫热解和氢解、硫化氢的吸收（硫化氢与金属氧化物反应生成金属硫化物），可有效除去天然气中 COS、C_2S、CH_3SR 等有机硫和 H_2S。

热解反应：

$$2CH_3SH = 2H_2S + C_2H_4$$

$$CH_3SCH_3 = H_2S + C_2H_4$$

$$CH_3SSCH_3 = 2H_2S + C_2H_2$$

氢解反应：

$$CH_3SH + H_2 = H_2S + CH_4$$

$$CH_3SCH_3 + H_2 = H_2S + C_2H_6$$

$$COS + H_2 = H_2S + CO$$

$$CS_2 + 4H_2 = 2H_2S + CH_4$$

硫化氢吸收反应：

$$H_2S + MnO = MnS + H_2O$$

$$3H_2S + Fe_3O_4 + H_2 = 3FeS + 4H_2O$$

$$H_2S + ZnO = ZnS + H_2O$$

本方案脱硫罐共3台，前两台为MF-2脱硫罐，串并联操作，并可交换其先后顺序，这样既可提高脱硫剂硫容，又可在线（不停产）更换脱硫剂；后一台为ZnO脱硫罐，作为精脱硫用。在350～380℃下，H_2S在反应器中与金属氧化物反应生成金属硫化物，从而将H_2S脱除至$0.2\times10^{-4}\%$以下。

B　蒸气转化反应

原料气与水蒸气混合，经转化炉的对流段预热后在转化炉进行以下主要反应：

蒸气转化反应：$CH_2+H_2O \longrightarrow CO+2H_2-206.4kJ/mol$　　(4-1)

交换反应：$CO+H_2O \longrightarrow CO_2+H_2+41.2kJ/mol$　　(4-2)

天然气的多碳烃（如乙烷、丙烷、丁烷、戊烷等）则在转化炉中进行以下反应：

$$C_nH_{2n+2}+nH_2O \longrightarrow nCO+(2n+1)H_2-Q \qquad (4-3)$$

反应式（4-3）的平衡常数很大，故这些多碳烃的转化反应很彻底。而且，在氢气环境中，天然气中的多碳烃在转化炉中的转化条件下，可完全裂解成甲烷：

$$C_nH_{2n+2}+(n-1)H_2 \longrightarrow nCH_4+Q \qquad (4-4)$$

虽然变换反应为放热反应，但转化反应式（4-1）的吸热量大，反应物料量大，故在转化炉中的反应仍为强吸热反应。转化炉所需热源由变压吸附单元的解吸气和补充的燃料气燃烧提供。

C　转化炉操作条件

a　转化压力

烃类蒸气转化反应为增加分子的反应，从理论上说，压力越低，对转化反应越有利。

$$K = K_p/p_{总}^2 = x_{CO}x_{H_2}^3/(x_{CH_4}x_{H_2O})$$

由上式看出，用摩尔分数表示的平衡常数K与压力的平方成反比，即压力增加1倍，平衡常数K将减小至原来的1/4，可见压力对反应平衡常数影响之大。加压显然对转化反应本身是不利的，早期的蒸气转化装置就是在常压下操作的。而且加压操作时，为了提高甲烷转化率，往往要相应提高水碳比，这样还会增加装置能耗。但实际生产装置往往在一定的压力下进行转化反应，其原因是：

(1) 烃类蒸气转化反应生成的转化气体积是天然气体积的3倍以上，产品氢气的体积是天然气体积的2倍以上，故当转化气的后续工序需要有一定压力时，压缩天然气比压缩转化气或产品氢气更为节能。而且，在通常情况下原料天然气本身是有一定压力的，若将其压力降低也是对能源的浪费。

(2) 压力增加可减少换热设备的换热面积和管道投资。对转化炉来说，原料气浓度增大、转化反应速度加快以及在转化炉中的停留时间增长，可减少转化催化剂的使用量。因此提高转化压力可节省转化炉的投资，而转化炉在装置设备投资中占的比例是最高的。

(3) 转化压力的提高，可使转化气露点提高，进而可使回收热能的品位提高。

(4) 就天然气蒸气转化制氢装置而言，为满足变压吸附单元的操作要求，保证较高的氢气回收率，也应有足够的压力。

综合以上因素，在适当压力下进行转化反应是合理的。对于以氢气为产品的天然气蒸气转化装置，转化压力的选择原则是：满足氢气使用压力的要求，但为保证氢气的回收率，PSA-H_2 的操作压力不应低于 1.0MPa。

本方案转化炉出口设计压力为 1.6MPa。

b 转化温度

天然气蒸气转化反应为强吸热反应。转化炉出口温度升高，转化反应的平衡向生成 CO 和 H_2 的方向移动，而且温度的升高可使反应速度加快，从而提高甲烷的转化率，所以升高转化温度对转化反应是有利的。提高转化温度，还可减少转化催化剂的使用量。

但转化炉出口温度过高，对转化管材质乃至对流段第一组换热盘管的材质要求提高，将会增加投资。而且从热量平衡的角度看，提高转化温度，必然要相应增加对转化炉的供热量，从而需消耗更多的燃料气。

转化炉入口温度是影响转化温度重要因素。从理论上说，转化炉入口温度越高，辐射段所需热量越少，每标准立方米产品氢气消耗的天然气越少。转化炉入口温度一般为 420~600℃，近年来的转化炉设计有提高转化炉入口温度的趋势，但受转化管和对流段第一组换热盘管材质的限制，转化炉入口温度也不能过高。

天然气蒸气转化装置转化炉出口温度一般为 760~860℃。

对于以氢气为目标产品的天然气蒸气转化装置，在一定温度范围内，适当降低转化炉出口湿度，虽然会造成甲烷转化率有所降低，但每立方米产品氢气消耗的总天然气（包括燃料气）也会降低。

本方案转化炉出口设计温度为 820~850℃。

c 水碳比

水碳比是指原料中的水分子数与原料中烃类总碳原子数的比值 H_2O/EC。

显然，水碳比增加，反应物浓度增大，转化反应平衡向右移动，可增加反应速度和甲烷的转化率。但水碳比的增加要求对转化炉辐射段提供的热量增大，即是以增加燃料消耗为代价的，因此水碳比不宜过高。

从理论上说，水碳比越低，燃料的需要量越少。但太低的水碳比不仅对转化反应不利，还会引起烃类的结碳（析碳反应），从而造成催化剂活性表面被覆盖而使催化剂活性降低，甚至造成转化管的堵塞。多碳烃含量越高，越易结碳，水碳比也应大些。

常用的水碳比范围是3.0~4.0，一般情况下水碳比不应低于2.5。近年来随着生产控制技术的发展，杜绝了操作原因引起的水碳比波动，因而有不少装置的设计水碳比在2.8左右。

对于以氢气为目标产品的烃类蒸气转化装置，水碳比越低，每立方米产品氢气消耗的总原料气（包括燃料气和工艺气）越少。

本方案设计水碳比为3~3.2。

d 催化剂碳空速

转化催化剂的碳空速是指每立方米催化剂每小时通过的甲烷立方米数（多碳烃按其碳原子数折算）。碳空速越低，停留时间越长，转化反应越接近平衡转化率，但催化剂装填量越大，转化炉投资也越高。

催化剂碳空速的选取与操作压力和原料气中的甲烷（含多碳烃）浓度有关。一般来说，操作压力高，可选取较高的碳空速，反之亦然。原料气中的惰性气体含量低，可选取较高的碳空速；而原料气中的多碳烃含量高，则应选取较低的碳空速。

工业生产碳空速一般为500~2200h^{-1}。本方案设计碳空速为900h^{-1}。

e 转化催化剂

天然气蒸气转化催化剂是以金属镍为主要活性组分的催化剂，工业用转化催化剂的氧化镍含量一般为10%~30%。在一定范围内，随着镍含量的增加，转化活性也相应提高，抗毒能力也增加。因为金属镍才是转化反应的活性组分，所以在使用前应先进行还原活化。还原活化还可脱除催化剂中所含的少量毒物（如硫化物等）。氧化镍还原的反应式为：

$$NiO+H_2 \xlongequal{} H_2O+Ni+2.56kJ/mol$$

$$NiO+CO \xlongequal{} CO_2+Ni-30.3kJ/mol$$

$$3NiO+CH_4 \xlongequal{} CO+2H_2O+3Ni-186kJ/mol$$

工业生产常常用原料气做还原气，还原时水碳比一般为4~8，温度为450~650℃，压力为0.5~0.8MPa。

f 转化气和烟道气的余热回收

从转化炉出来的转化气温度为820~850℃，设置转化气废锅，用换热方式将其高温热能产生压力为2.5MPa的水蒸气供转化反应用。转化气废锅出口的转化气再用来加热装置的废锅汽包供水和脱盐水。

离开转化炉辐射段的烟道气温度高达950℃以上，因此在转化炉的对流段设有多组盘管回收烟道气的热量。这些盘管回收的热量可用于原料混合气预热、原料气预热、蒸气过热器、烟道气废锅、锅炉水预热和燃料气预热等。

g 变换设置

生产300m³/h氢气（标态），计算天然气消耗如下：

（1）不设置变换时天然气消耗见表4-3。

表4-3 不设置变换时天然气消耗（标态）

序 号	名 称	规 格	消耗/$m^3 \cdot h^{-1}$
1	原料天然气	0.3MPa，40℃	135
2	燃料天然气	0.3MPa，40℃	10
3	总天然气消耗		145

（2）设置变换时天然气消耗见表4-4。

表4-4 设置变换时天然气消耗（标态）

序 号	名 称	规 格	消耗/$m^3 \cdot h^{-1}$
1	原料天然气	0.3MPa，40℃	120
2	燃料天然气	0.3MPa，40℃	30
3	总天然气消耗		150

可见在小规模制氢装置中，设置变换后，整个工艺原料气（原料天然气+燃料天然气）的消耗没有节省反而上升了，这是由于变换后解吸气中有更多的惰性气体CO_2进入炉膛，由于炉膛排烟温度要在170℃左右，所以增加了燃料天然气的消耗。

同时变换设置必然要导致设备投资以及增加开、停车步骤时间。所以本方案不设置变换。

h 变压吸附提纯氢气

气体吸附过程有以下两个特性：一是吸附剂对气体的吸附有选择性，即不同气体在吸附剂上的吸附量是有差别的；二是气体在吸附剂上的吸附量随其分压的降低而减少。变压吸附就是利用这些特性而进行吸附的，此时吸附量较小的弱吸附组分 H_2 通过吸附剂床层作为产品输出，吸附量较大的强吸附组分（CO、CH_4、CO_2 等杂质）则被吸附留在床层；而通过降低床层压力（被吸附组分分压也随之降低），使被吸附组分从吸附床解吸出来，吸附剂获得再生。

变压吸附过程为：吸附→逐级降压解吸→逐级升压→吸附，如此反复循环。降压解吸分为 4 个步骤：均压降、顺放、逆放、冲洗；逐级升压分为 2 个步骤：均压升、最终充压。各步骤的过程及作用如下：

（1）吸附（A）。原料气从吸附床底部进入吸附床，吸附量较小的弱吸附组分 H_2 通过吸附剂床层作为产品输出，吸附量较大的强吸附组分（杂质）则被吸附而留在床层。

（2）均压降（EiD）和均压升（EiR）。完成吸附步骤的吸附床需降压，再生完成后的吸附床需升压。需降压的吸附床向需升压的吸附床充压直至两床压力相等。降压称为均压降，升压称为均压升。多次均压是需降压的吸附床逐级分别向需升压的若干个吸附床充压。均压的作用是回收降压吸附床中的有用气体，用于需升压吸附床的充压，提高有用气体的回收率。均压次数越多，回收的有用气体也越多，有用气体 H_2 的回收率也越高。

（3）顺放（PP）及冲洗（P）。完成数次均压降的吸附床（甲床）与完成逆放后的吸附床（乙床）在吸附床上部（出口端）连接，甲床向乙床缓慢均匀送气，乙床从吸附床下端（与进料方向相反）将气体排出。甲床的送气步骤称为顺放（PP），气体通过乙床并排出的步骤称为冲洗（P）。冲洗的作用是用被吸附组分含量低的气体置换需再生的吸附床中的气体，降低床层被吸附组分的气体分压，使被吸附组分解吸，吸附剂得到彻底再生。顺放和冲洗也可通过顺放气缓冲罐完成。

（4）逆放（D）。完成最后一次均压降或顺放步骤的吸附床，从吸附床下端（与进料方向相反）向外排气泄压，该步骤称为逆放（D）。逆放的作用是降低吸附床压力，使被吸附组分解吸。

（5）终充（FR，最终充压）。完成最后一次均压升的吸附床，用产品 H_2 气从吸附器上部（产品出口端）对其进行充压，使床层压力达到吸附压力。终充的作用是将床层压力升高到吸附压力，并使吸附前沿下移。

多床吸附的意义在于：保证吸附床有足够的均压次数；保证产品气的连续稳定输出；使吸附剂得到有效利用；单台吸附器容积减小，吸附器总容积减小（步骤紧凑）。

在操作压力确定以后，一般来说，均压次数越多，产品氢气的回收率越高，但需要的塔数越多，投资也越大。而且要相应增加程控阀的数量，不仅投资增加，还会使装置的运行可靠性降低。

吸附压力是影响变压吸附装置分离能力的一个重要操作条件。对氢气提纯装置而言，在一定压力范围内，压力越高，吸附剂对杂质的吸附量越大，气体分离效果越好，产品氢气的收率也越高。但压力升高需消耗动力，而且由于要增加均压次数而相应增加设备及程控阀投资。

本方案采用5-1-3/P操作模式，即设5个吸附床，1床进料，实现3次均压，冲洗解吸。每个吸附床经过吸附、均压降1、均压降2、顺放、均压降3、逆放、冲洗2、冲洗1、均压升3、均压升2、均压升1、终充等12个步骤，完成1个吸附周期。5个吸附床交替切换操作。当某个吸附床及其程控阀发生故障时，可切换成4塔的操作模式。

4.3.2.2 工艺流程简述

A 天然气压缩脱硫转化工序

来自外界的0.6~0.8MPa的原料天然气，首先进行天然气入口缓冲罐分离，以分离掉其中的游离水和机械杂质并缓冲，防止压缩机管线振动；再经天然气压缩机加压至2.5MPa后进入天然气出口缓冲罐缓冲；最后送转化工序作为转化原料。

来自压缩工序的天然气进入转化炉对流段经过工艺天然气预热器预热至350~400℃进入脱硫塔。脱硫罐共3台，前两台为MF-2脱硫罐R201A、B，两台串并联操作，并可交换其先后顺序，这样既可提高脱硫剂的硫容，又可在线（不停产）更换脱硫剂，后一台为ZnO脱硫罐R202，作为精脱硫用。在350~380℃下，H_2S在反应器中与金属氧化物反应生成金属硫化物，从而将H_2S脱除至$0.2\times10^{-4}\%$以下。

脱硫所需氢气来自变压吸附工序，经计量后从压缩机前天然气入口缓冲罐加入。

净化、预热后的天然气与来自蒸气过热器过热后的水蒸气按一定的水碳比混合，转化炉的对流段是余热回收段，是转化炉离开辐射段的烟道气加热多组换热盘管中物料的部分。烟道气沿水平方向流动，换热盘管根据加热要求和传热特性按一定顺序合理排列。换热盘管有：混合气预热器F201-6、工艺天然气预热器F201-5、工艺蒸气过热器F201-4、烟道气废锅F201-3、第二给水预热器F201-2、燃料气预热器F201-1。烟道气经多组盘管换热后温度降至170℃左右，经引风机送烟囱放空。

烟道气废锅为带上下锅筒的水管锅炉，来自水蒸气包的水靠重度差进入烟道气废锅，被加热后部分气化经上升管返回气包。

在转化炉的对流段，传热方式以对流传热为主。

从转化炉出来的转化气进入转化气废锅（E201）。转化气废锅为管壳式结构，转化气走管程，锅炉水则在壳程被加热而气化，水气混合物通过废锅上升管送到布置在较高位置的废锅气包中进行气水分离，而水则经废锅下降管靠与上升管的重度差进入转化气废锅（E201），如此反复循环。经预热的锅炉供水从气包（V204）加入。

转化气废锅（E201）和烟道气废锅（E201-3）各用一台气包。气包中的蒸汽主要供转化用，多余的蒸汽经计量送界区外蒸汽用户。

锅炉水来自外管。来自外管且计量后的脱盐水经过脱盐水预热器 E203 由常温预热至 104℃进入除氧器 V205，以除掉脱盐水中的溶解氧，再经锅炉给水泵 P201A、B 加压后分别由中压锅炉给水预热器加热后送到气包 V204、由第二给水预热器加热后送到气包 V202。

从脱盐水预热器（E203）出来的转化气经水冷器（E204）用循环冷却水冷却，再经气液分离器（V207）进行气水分离后，气体送变压吸附工序分离提纯氢气。

转化气冷凝水为含有与气相组分相平衡的溶解气体的酸性水。冷凝水到界外脱盐水站经除气处理后回收利用。

转化催化剂在使用前要进行还原活化。还原活化介质为净化后的原料气和水蒸气。

本方案 PAS-H_2 的解吸气回收利用，作为转化炉的燃料。

B　变压吸附提氢工序

转化气在 2.1MPa、40℃下进入 PAS 工序。PAS 系统采用 5 塔操作、1 塔同时进料、3 次均压、顺放气冲洗的工艺流程。原料气通入 1 个正处于吸附状态的吸附器中，除氢气外的其余杂质被吸附，塔顶获得较纯净的氢气。其余 4 塔分别进行其他步骤的操作，5 个塔交替循环工作，时间上相互交错，以此达到原料气不断输入、产品氢气不断输出的目的。整个操作过程在环境温度下进行，每个吸附床经过吸附、均压降 1、均压降 2、顺放、均压降 3、逆放、冲洗、均压升 3、均压升 2、均压升 1、终充等 12 个步骤，完成 1 个吸附周期。上述步骤均由 DCS 系统控制完成，未被吸附的氢气经过氢气产品罐作为产品输出，提氢后的解吸气送入转化炉作燃料。

本方案的解吸气回收利用，作为转化炉的燃料。解吸气来自逆放、冲洗两个步骤。由于解吸气的排出是不稳定过程，本方案设置两台解吸气缓冲罐，减少解吸气的波动幅度。解吸气缓冲罐中的解吸气经调节后送转化炉辐射段做燃料，保证输出解吸气的流量、组成相对稳定。

4.3.3　工艺技术参数及技术特点

工艺技术参数如表 4-5 所示。

表 4-5　工艺技术参数

序号	控制点位置	控制指标
一	温度	
1	原料天然气	5~40℃
2	脱硫罐入口原料气	350~400℃
3	脱硫罐出口原料气	350~400℃
4	天然气预热（第二组预热盘管出口）	350~400℃
5	原料混合气预热（第一组预热盘管出口、转化管入口）	530℃
6	转化炉出口转化气	820~850℃
7	转化气废锅出口转化气	250℃
8	水冷器出口转化气	30~40℃
9	转化炉辐射段出口烟道气	930~980℃
10	引风机入口烟道气	约 170℃
11	PS 吸附系统温度	40℃
二	压力	
1	压缩前天然气	0.6~0.8MPa
2	压缩后天然气	2.0MPa
3	转化炉（管）入口转化气	1.8MPa
4	转化炉（管）出口转化气	1.7MPa
5	气水分离器出口压力	1.6MPa
6	炉膛负压（上部）	50Pa
7	PSA 解吸气压力	0.03~0.05MPa
8	产品氢气压力	1.5MPa
三	其他	
1	水碳比	3~3.2
2	转化炉甲烷转化率	91.0%
3	冷却器出口转化气氢含量	约 72%

技术特点如下：

(1) 蒸气转化催化自行研究开发、生产，强度高，阻力小，活性高，使用寿命长。

(2) 不设置变换单元，流程简捷，操作控制简单，装置投资低。

(3) 接收变压吸附解吸气作为转化炉的燃料，大幅度降低燃料气消耗。

(4) 在转化炉对流段设置解吸气预热盘管加热燃料解吸气，充分利用烟道气热能，减少燃料消耗。

(5) 变压吸附采用5塔5-1-3/P操作工艺，故障时可切换成4塔运行模式，保证装置连续生产。

(6) 解吸气设置两台缓冲罐，减少解吸气压力波动，保证解吸气输出稳定。

4.3.4 装置布置与占地

装置布置原则如下：

(1) 贯彻“四化”（露天化、流程化、集中化、定型化）原则。

(2) 满足工艺流程顺序，保证水平方向和垂直方向的连续性。

(3) 方便安装、操作、维修。

(4) 装置防水间距及通道设计符合现行有关防火规范，满足消防需要。

(5) 满足总体规划，注重整齐美观。

(6) 为便于管理和维护，动力设备尽可能采用集中、室内布置。

本工程主要构成及其火灾危险性类别见表4-6。

表4-6 本工程主要构成及其火灾危险性类别

100号	天然气压缩工序	甲类
200号	天然气脱硫转化工序	甲类
300号	变压吸附制氢工序	甲类

本装置设备布置分为非标设备露天布置区和框架布置区。

装置占地：$45\times25m^2$；主生产装置（包括脱硫转化工序、变压吸附制氢工序、原料气压缩机工序）占地约$23\times22m^2$；主控定占地$15\times5m^2$。

4.3.5 装置主要消耗及运行成本

装置主要消耗（以$1000m^3$标态氢气产品计）见表4-7。

表 4-7 天然气转化制氢装置主要消耗（标态）

序号	名 称	规 格	单 位	消耗
				$1000m^3/h$
1	原料天然气	0.3MPa，40℃	m^3	465.34
2	燃料天然气	0.3MPa，40℃	m^3	30.59
3	锅炉用水	0.6MPa	t	2.8
4	转化催化剂	Z111-6YQ	kg	0.0126
		CN-16YQ	kg	0.0126
5	脱硫剂	MF-2	kg	0.136
		ZnO	kg	0.068
6	循环冷却水	0.5~0.6MPa	t	80.0
7	仪表气	0.4~0.6MPa	m^3	150.0
8	电	380/220V，50Hz	kW	80.0
9	外送蒸气	MPa	kg	-600

设备用电见表 4-8。

表 4-8 $300m^3/h$ 天然气转化制氢装置设备用电

序号	设备名称	电机功率	数 量	备 注
1	原料天然气压缩机	30kW	2台	一开一备
2	引风机	5.5kW	1台	
3	锅炉给水泵	5.5kW	2台	一开一备
4	加药装置	2×2.5	2套	加药泵两开一备
5	照明	CN-16YQ	全部	

装置运行成本（按生产 $1000m^3$ 标态 H_2 计）见表 4-9。

表 4-9 $300m^3/h$ 天然气转化制氢装置运行成本

序号	名 称	规格	单位	消耗	单价/元	成本/元
1	原料天然气（标态）		m^3	465.34	2.5	1163.35
2	燃料天然气（标态）		m^3	30.59	2.5	76.48
3	锅炉用水		t	2.8	10.0	28.0
4	转化催化剂	Z111-6YQ	kg	0.0126	100.0	2.1
		CN-16YQ	kg	0.0216	40.0	0.864
5	脱硫剂	MF-2	kg	0.136	20.0	2.72
		ZnO	kg	0.068	20.0	1.36

续表 4-9

序号	名　称	规格	单位	消耗	单价/元	成本/元
6	循环冷却水	≥0.3MPa，32℃	kg	80.0	0.2	16.0
7	仪表气（标态）	0.4~0.6MPa	m^3	150.0	0.2	30.0
8	电	380/220V，50Hz	kW·h	80.0	0.5	40.0
9	外送蒸气	2.50MPa	t	0.6	150.0	-90.0
10	设备折旧（10年折旧算）					312.5
11	维修费					62.5
12	人员工资及管理费	装置定员22人，人均工资3万元/年				275.0
合　计						1920.874
每标方氢气计						1.92

注：成本数据系成都西南化工设计院提供，保持人民币数值，因未经该单位认定故未进行美元换算。

4.3.6 主流工艺设备选型及制氢装置投资成本

处理生产100t固体$NaBH_4$工艺设备情况见表4-10。

表4-10 处理生产100t固体$NaBH_4$工艺设备一览表

序号	设备名称	规　格	材质	总动力/kW	数量/台(套)	造价	
						人民币/万元	美元/万元
1	酯化釜	V=600L，蒸气夹套附搅拌	玻搪	4×1.0	4	4×2.0	1.19
2	粗馏塔	ϕ600mm×400mm，附蒸气加热和回流冷凝器、接受器，V=600L，附搅拌和粗馏釜（内有填充物）	玻搪		4	4×3.0	1.79
3	酸洗罐	V=600L，附加热（蒸+气）并搅拌	不锈钢	4×1.0	4	4×2.0	1.19
4	精馏塔	ϕ600mm×400mm，附蒸气加热和回流冷凝器及料液接受槽	玻搪		4	4×3.0	1.79
5	缩合器	V=600L，附加热搅拌硼酸三甲酯料槽	玻搪	4×1.0	4	4×2.0	1.19
6	氢化釜	V=600L，附油电加热和搅拌器及石蜡油槽	不锈钢	4×1.0	4	4×2.0	1.19

续表 4-10

序号	设备名称	规　格	材质	总动力/kW	数量/台(套)	造价	
						人民币/万元	美元/万元
7	冷却器	V=600L，带水夹套并附搅拌	不锈钢	4×1.0	4	4×2.0	1.19
8	离心机	D=800mm	不锈钢	4×4.5	4	4×1.5	1.19
9	水解器	V=600L，附搅拌和水计量罐	不锈钢	4×1.0	4	4×2.0	1.19
10	成品母液槽	V=600L	不锈钢		2	4×0.5	0.30
11	液体 $NaBH_4$ 成品槽	V=600L	不锈钢		4	4×7.0	1.19
12	萃取槽	附回热搅拌和冷凝器、接受器	不锈钢	4×1.0	4	4×2.0	1.19
13	反萃取槽	附回热搅拌和冷凝器、接受器	不锈钢	4×5.0	4	4×1.5	0.90
14	结晶罐	附冷却夹套和搅拌	不锈钢	4×1.0	4	4×2.0	1.19
15	干燥器	真空干燥附真空泵系统（同时用于输料）	不锈钢	4×1.0	4	4×3.5	1.49
16	包装机械		不锈钢		2	2×3.0	0.90
17	斗式提升机			0.5	4	4×0.8	0.48
18	运料装置			0.5	4	4×0.8	0.48
19	硫酸贮罐	$V=20m^3$，附耐酸泵三台	不锈钢		1	5	2.99
20	运料车				4	4×8	5.97
合　计						193.4	28.99

注：1. 设备总台（套）数 73 台（套），其中定型设备 40 台（套），非标设备 33 台（套）；主流工艺设备电动总容量 103kW。

2. 造价系设计部门提供，美元和人民币（元）比值（美元/人民币）按 1/6.67 计算。

制氢装置投资成本见表 4-11。

表 4-11　$300m^3/h$ 天然气转化制氢装置投资成本

序号	名　称	投资估算/万元	备　注
一	生产装置投资	857.3	
1	非标设备购置费	243.9	含转化炉成套钢结构
2	定型设备购置费	84.4	含压缩机成套钢结构
3	催化剂、脱硫剂、吸附剂、程控阀购置费	48.56	
4	自控设备购置费	206.14	含 PLC、分析仪器
5	电气设备购置费	19.3	含低压配电柜、防爆操作柱、防爆绕性连接管

续表 4-11

序号	名　　称	投资估算/万元	备　　注
6	安装工程	180.0	含安装材料
7	土建工程	60.0	
8	运杂费	15.0	
二	软件设计费	58.0	含现场技术服务和指导开车
合　　计		915.3	

注：本报价按中华人民共和国标准设计和制造。

4.3.7 硼氢化钠制氢所用主要原料

4.3.7.1 钠

钠（Na）相对原子质量22.99，轻软而且有延展性的银白色金属；属等轴晶系，呈顺磁性；比水轻，常温时是蜡状，易用刀切开；在空气中急剧氧化，常为一层氧化钠、碳酸钠或氢氧化钠覆盖。熔融状的金属钠在白油、煤油等碳氢化合物中搅拌，极易分散成圆珠状，冷却后保持原有的分散状态，因而表面积大，能参与快速的有机化学反应。钠的蒸气呈蓝紫色，高温时呈黄色，有极好的传热性，并有较强的化学活性，能与许多有机物及无机物发生化学反应，能与金属或非金属直接化合，如和汞生成钠-汞合金等。钠能溶于液氨中生成氨基钠，但不稳定。钠与水相遇则发生剧烈反应，所产生的热量足以熔化钠，并使生成的氢气燃烧而引起爆炸；与皮肤接触易引起烧伤，故应储存在变压器油、锭子油、石蜡油或煤油中。

产品质量标准（京1/HG2-709—86）：钠（Na）含量不小于98%；杂质中Ca等含量小于2%（断面无明显夹杂物）。

物理化学数据：固体密度0℃时为0.9725g/cm^3；20℃时为0.9648g/cm^3。

金属钠的有关性质见表4-12~表4-16。

表4-12　金属钠的液体密度

温度/℃	97.83	150	200	300	400	500	600	1000	1200
ρ/g·cm^{-3}	0.9270	0.9152	0.9037	0.8805	0.8570	0.8331	0.8089	0.7080	0.6564

表4-13　金属钠的气体密度

温度/℃	97.81	200	500	800	1000	1300
ρ/g·cm^{-3}	8.6×10^{-11}	1.047×10^{-7}	1.989×10^{-3}	0.128	0.746	3.875

表 4-14 金属钠的热力学性能

性 质		数据	性 质	数据
比热容 /J·(g·℃)$^{-1}$	0℃	1.225	熔融热/J·g^{-1}	113.219
	150℃液体	1.495	转化热/J·mol^{-1}	41.84
	50~150K 气体	20.786	蒸发热/J·g^{-1}	3978.98
溶解热/kJ·mol^{-1}		140.87	离解热（0K）/kJ·mol^{-1}	76.148

表 4-15 金属钠的气化热

温度/K	600	800	1000
气化热/kJ·mol^{-1}	102.666	100.968	99.357

表 4-16 金属钠的升华热

温度/K	50	298.16
升华热/kJ·mol^{-1}	109.16	108.18

4.3.7.2 氢

氢（H）是周期表中第一元素，也是最轻的元素；原子序数 1；稳定同位素：氢 1（氕，99.985%）、氢 2（氘，0.0148%）、氢 3（氚，极微）；Ar1.00794，Mr2.0159；无色无臭味气体；密度 0.08987g/dm^3(0℃)；化合价±1。在液体中溶解极少，但某些金属却可吸收氢，如钯可吸收千倍于自身体积的氢。钢中含被吸附的氢可引起“氢脆”，使设备受损。常温下不活泼，除非有适当的催化剂。高温下则变得异常活泼，能燃烧，并能与许多金属和非金属直接化合。在自然界，氢是地壳中丰度最高的元素，按原子组成计，占 15.4%，但按质量组成计，则仅占 1%。大气中自由态的氢极少，不足百万分之一，主要以化合态存在于水和有机物中。氢也是宇宙中丰度最高的元素。星球内的氢核聚变是辐射能的源泉。氢很难液化（临界温度-240℃，临界压力 1.3MPa），液态氢无色透明，密度为 0.70g/cm^3(-252℃)，沸点为-252.8℃，用于获得低温和用作高能燃料。让液态氢在减压下迅速蒸发，则有部分变成雪白的固态氢，其密度为 0.087g/cm^3(-262℃)，熔点为-259.14℃。工业制法有电解法、烃裂解法、烃蒸气转化法、炼厂气提取法等。用电解水制氢成本高，只适用于制备高纯度的氢，如医药和半导体工业中。电解法制得的氢，纯度高达 99.996%。氢是重要的工业原料，如合成氨。在高温下用氢还原金属氧化物以制取金属，较之其他方法，其产品的性质更易控制，同时金属的纯度也高，广泛用于生产锗和硅，以及钨、钼、钴、铁等金属粉末。液态氢用作航天飞机上的燃料。

天然气原料裂解制氢工艺是以天然气为原料，经压缩、脱硫后与水蒸气进行转化反应，制得氢含量大于70%（体积分数，下同）的富氢转化气。富氢转化气经变压吸附（PAS）单元分离提纯即得到纯度为99.99%的产品氢气。制氢工序包括天然气压缩、脱硫转化及变压吸附提纯等（见图4-10）。

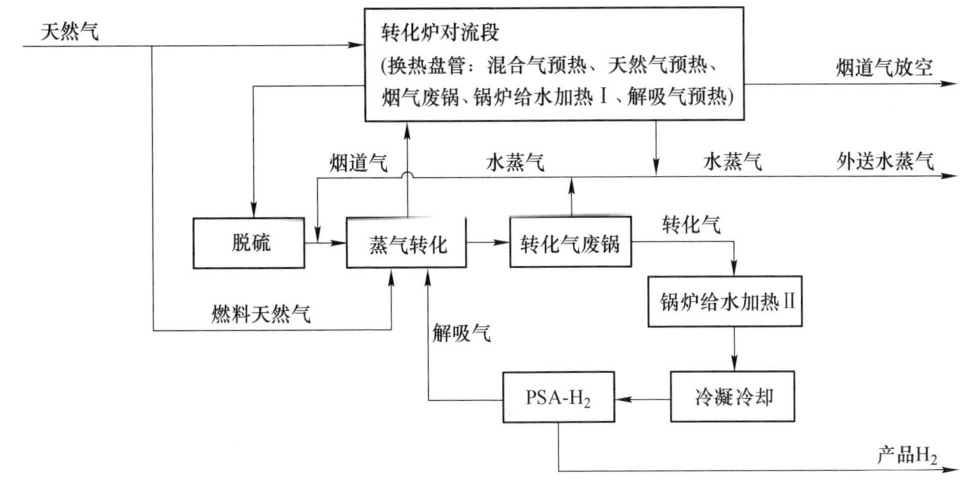

图4-10 制氢工艺过程

5 硼氢化钠和硼氢化钾的分析测试方法

5.1 硼氢化钠的分析测试方法

本节主要根据标准 HG/T 3585—2009 介绍液体硼氢化钠分析测试方法。

5.1.1 范围

该标准规定了硼氢化钠的要求、试验方法、检验规则以及标志、包装、运输、储存。

该标准适用于以氢化钠和硼酸甲酯为原料生产的硼氢化钠，该产品主要用作制造硼氢化钾及用于制药工业、农药、香料及其他精细化工产品还原剂，也可用于造纸漂白、含汞废水处理及贵金属回收等。

分子式：$NaBH_4$；相对分子质量：37.83（按 2007 年国际相对原子质量）。

5.1.2 要求

（1）外观：无色或淡黄色液体。

（2）液体硼氢化钠应符合表 5-1 的要求。

表 5-1 液体硼氢化钠的要求

项　目	指　　标	
	一型	二型
硼氢化钠（$NaBH_4$）含量/%	≥5.0	≥12.0
碱度/%	≤32	≤40

5.1.3 试验方法

本标准所用试剂和水，在没有注明其他要求时，均指分析纯试剂和 GB/

T 6682 中规定的三级水。

试验中所用标准滴定溶液、制剂及制品在没有注明其他要求时，均按 GB/T 601、GB/T 603 规定制备。

安全提示：本标准试验操作过程中用到强碱、强酸时，须小心谨慎。使用挥发性强酸时，应在通风橱中进行。

5.1.3.1 硼氢化钠含量的测定

（1）方法提要：试样与定量加入的碘酸钾标准溶液反应，过量的碘酸钾在酸性介质中与碘化钾反应析出碘，析出的碘用硫代硫酸钠标准滴定溶液进行滴定。

（2）试剂和材料：碘化钾；0.5mol/L 氢氧化钠溶液；（1+8）硫酸溶液；c 约为 0.1mol/L 的碘酸钾标准滴定溶液；c 约为 0.1mol/L 的硫代硫酸钠标准滴定溶液；10g/L 淀粉指示液。

（3）分析步骤：称取约 3g（一型）或 1g（二型）试样（精确至 0.0002g），迅速置于 250mL 烧杯中（烧杯中预先加入 100mL 氢氧化钠溶液）溶解，移入 250mL 容量瓶中，用氢氧化钠溶液稀释至刻度，摇匀。用移液管移取 25mL 该溶液，注入 250mL 碘量瓶中，再用移液管移入 50mL 碘酸钾标准滴定溶液，振摇 30s，加 5g 碘化钾及 10mL 硼酸溶液，摇匀。瓶口水封，并于暗处放置 15min，用硫代硫酸钠标准滴定溶液滴定，近终点时加入 3mL 淀粉指示液，继续滴定至溶液蓝色消失。同时做空白试验。

（4）分析结果的表述：以质量分数表示的硼氢化钠（$NaBH_4$）含量（w_1）按式（5-1）计算：

$$w_1 = \frac{(V_1 - V)c \times 0.004729}{m \times \frac{25}{250}} \times 100\% = \frac{4.729(V_1 - V)c}{m}\% \quad (5-1)$$

式中 V——滴定试验溶液消耗硫代硫酸钠标准滴定溶液的体积，mL；

V_1——滴定空白溶液消耗硫代硫酸钠标准滴定溶液的体积，mL；

c——硫代硫酸钠标准滴定溶液的实际浓度，mol/L；

m——试料的质量，g；

0.004729——与 1.00mL 硫代硫酸钠标准滴定溶液［$c(Na_2S_2O_3)$ = 1.000mol/L］相当的以克（g）表示的硼氢化钠的质量。

（5）允许差：取平行测定结果的算术平均值作为测定结果。平行测定结果的绝对差值不大于 0.3%。

5.1.3.2 碱度的测定

（1）方法提要：将试样溶于水中，以甲基红为指示液，用硫酸标准滴定溶液滴定，根据硫酸标准滴定溶液的消耗量确定产品的碱度。

（2）试剂和材料：$c\left(\frac{1}{2}H_2SO_4\right)$约为0.5mol/L的硫酸标准滴定溶液；1g/L甲基红指示液。

（3）分析步骤（略）。

（4）分析结果的表述：以质量分数表示的碱度（以NaOH计，w_2）按式（5-2）计算：

$$w_2 = \frac{(V - V_0)c \times 0.04000}{m} \times 100\% \tag{5-2}$$

式中 V——滴定试验溶液消耗硫酸标准滴定溶液的体积，mL；

V_0——滴定空白溶液消耗硫酸标准滴定溶液的体积，mL；

c——硫酸标准滴定溶液的实际浓度，mol/L；

m——试料的质量，g；

0.04000——与1.00mL硫酸标准滴定溶液$\left[c\left(\frac{1}{2}H_2SO_4\right)=1.000\text{mol/L}\right]$相当的以克（g）表示的碱度（以NaOH计）的质量。

（5）允许差：取平行测定结果的算术平均值为测定结果。平行测定结果的绝对差值不大于0.3%。

5.1.4 检验规则

（1）本标准规定的所有项目为出厂检验项目。

（2）每批产品不超过10t。

（3）按照GB/T 6678中6.6的规定确定采样单元数，每一桶为一包装单元。采样时，从每个选取的包装单元中，按GB/T 6680中1.5.7a规定的方法，取出不少于500mL的样品，将所采样品混匀后，缩分至200mL，立即装入两个清洁干燥带橡胶塞的小口瓶中，密封。瓶上粘贴标签，注明生产厂名、产品名称、型号、批号、采样日期和采样者姓名。一瓶作为试验室样品，另一瓶保存三个月备查。

（4）硼氧化钠由生产厂的质量监督检验部门按本标准的规定进行检验。生产厂应保证每批出厂产品都符合本标准的要求。检验结果如有一项指标不符合本标准时，应重新自两倍量的包装中采样核验，核验结果即使只有一项指标不符合本标准要求，则整批产品为不合格。

（5）按GB/T 1250中5.2规定的修约值比较法判定试验结果是否符合标准。

5.1.5 标志、包装、运输和储存

（1）硼氢化钠包装桶上应有牢固清晰的标志，内容包括生产厂名、厂址、产品名称、商标、型号、净含量、批号或生产日期、本标准编号及 GB 190 中规定的“腐蚀品”标志和 GB 191 中规定的“怕湿”标志。

（2）每批出厂的硼氧化钠都应附有质量证明书，内容包括生产厂名、厂址、产品名称、商标、型号、净含量、批号或生产日期、产品质量本标准的证明和本标准编号。

（3）硼氢化钠包装采用闭口钢桶，钢桶性能和检验办法应符合 GB 325 的规定。该产品每桶净重 200kg。

（4）硼氢化钠包装：将产品灌装入钢桶，盖好桶盖，密封。

（5）硼氧化钠在运输过程中应轻装轻卸，防止撞击，防止日晒、雨淋，不得与酸类物质及氧化剂等物质混运。

（6）硼氢化钠应储存在阴凉、干燥通风处，防止雨淋，不得与酸类物质及氢化剂类物质混储。

5.1.6 安全要求

硼氢化钠失火时，用大量的水灭火，也可用沙土或干粉灭火器灭火。

5.2 硼氢化钾的分析测试方法

本节主要根据标准 HG/T 3584—2011 介绍硼氢化钾分析测试方法。

5.2.1 范围

本标准规定了硼氢化钾的要求、试验方法、检验规则以及标志、包装、运输、储存。

本标准适用于以硼氢化钠、氢氧化钾为原料生产的硼氢化钾，该产品主要用作制药工业、农药、香料及其他精细化工产品的还原剂，也可用于含汞废水的处理等。

分子式：KBH_4；相对分子质量：53.94（按 2007 年国际相对原子质量）。

5.2.2 要求

（1）外观：白色结晶状粉末。

（2）硼氢化钾应符合表5-2的要求。

表5-2 硼氢化钾的要求

项 目	指 标	
	一等品	合格品
硼氢化钾（KBH_4）含量/%	≥96.0	≥95.0
水分/%	≤0.5	≤0.5

5.2.3 试验方法

本标准所用试剂和水，在没有注明其他要求时，均指分析纯试剂和GB/T 6682中规定的三级水。

试验中所用标准滴定溶液、制剂及制品在没有注明其他要求时，均按GB/T 601、GB/T 603规定制备。

安全提示：本标准试验操作过程中用到强碱、强酸时，须小心谨慎。使用挥发性强酸时，应在通风橱中进行。

5.2.3.1 硼氢化钾含量的测定

（1）方法提要：试样与定量加入的碘酸钾标准溶液反应，过量的碘酸钾在酸性介质中与碘化钾反应析出碘，析出的碘用硫代硫酸钠标准滴定溶液滴定。

（2）试剂和材料：碘化钾；40g/L氢氧化钠溶液；（1+8）硫酸溶液；c约为0.1mol/L的碘酸钾标准滴定溶液；c约为0.1mol/L的硫代硫酸钠标准滴定溶液；10g/淀粉指示液。

（3）分析步骤：称取约0.2g试样（精确至0.0002g）迅速置于250mL烧杯中（烧杯中预先加入100mL氢氧化钠溶液）溶解，移入250mL容量瓶中，用氢氧化钠溶液稀释至刻度，摇匀。用移液管移取25mL该溶液，注入250mL碘量瓶中，再用移液管移入50mL碘酸钾标准滴定溶液，振摇30s，加5g碘化钾及10mL硫酸溶液，摇匀。瓶口水封，并于暗处放置15min，用硫代硫酸钠标准滴定溶液滴定，近终点时加入3mL淀粉指示液，继续滴定至溶液蓝色消失。同时做空白试验。

（4）分析结果的表述：以质量分数表示的硼氢化钾（KBH_4）含量（w_1）按式（5-3）计算：

$$w_1 = \frac{(V_1 - V)c \times 0.006742}{m \times \frac{25}{250}} \times 100\% = \frac{6.742(V_1 - V)c}{m}\% \quad (5-3)$$

式中　V——滴定试验溶液消耗硫代硫酸钠标准滴定溶液的体积，mL；

V_1——滴定空白溶液消耗硫代硫酸钠标准滴定溶液的体积，mL；

c——硫代硫酸钠标准滴定溶液的实际浓度，mol/L；

m——试料的质量，g；

0.006742——与 1.00mL 硫代硫酸钠标准滴定溶液［$c(Na_2S_2O_3)$ = 1.000mol/L］相当的以克（g）表示的硼氢化钠的质量。

（5）允许差：取平行测定结果的算术平均值为测定结果。平行测定结果的绝对差值不大于 0.3%。

5.2.3.2　水分的测定

（1）方法提要：将试样在（105±2）℃下烘至恒重，根据干燥前后的减量确定水分。

（2）分析步骤：称取约 1g 试样（精确至 0.0002g）置于已恒重的称量瓶中，放入电热干燥箱内，在（105±2）℃下加热 45min，取出放入干燥器中，冷却至室温，称量。如此操作至恒重。

（3）分析结果的表述：以质量分数表示的水分（w_2）按式（5-4）计算：

$$w_2 = \frac{m - m_1}{m} \times 100\% \quad (5-4)$$

式中　m_1——干燥前试料的质量，g；

m——试料的质量，g。

（4）允许差：取平行测定结果的算术平均值为测定结果。平行测定结果的绝对差值不大于 0.04%。

5.2.4　检验规则

（1）本标准规定的所有项目为出厂检验项目。

（2）每批产品不超过 1t。

（3）按照 GB/T 6678 中 6.6 的规定确定采样单元数，每一桶为一包装单元。采样时，从每个选取的包装单元中，取出不少于 10g 的样品，将所采样品混匀后，按四分法缩分至 500g，立即装入两个清洁干燥带磨口塞的广口瓶中，密封。瓶上粘贴标签，注明生产厂名、产品名称、等级、批号、采样日期和采样者姓名。一瓶作为试验室样品，另一瓶保存三个月备查。

(4) 硼氢化钾由生产厂的质量监督检验部门按本标准的规定进行检验。生产厂应保证每批出厂产品都符合本标准的要求。检验结果如有一项指标不符合本标准时，应自两倍量的包装中重新采样复验，复验结果即使只有一项指标不符合本标准要求时，整批产品为不合格。

(5) 按 GB/T 1250 中 5.2 规定的修约值比较法判定试验结果是否符合标准。

6 硼氢化钠制（储）氢发展前景

随着石化能源的日益枯竭，氢能成为解决当前能源危机的一种新能源。为了克服未来的能源缺乏和环境问题，大力发展利用氢能的技术就占有很重要的地位。近几年来，质子交换膜燃料电池发展迅速，并已经取得了一些突破性的进展，有望成为21世纪的重要发电方式。燃料电池的最佳燃料为氢，利用氢作为载能体，采用燃料电池技术可以将氢与大气中的氧转化为各种用途的电能。目前常用的几种制氢方法有甲醇、改良汽油、金属氢化物和硼氢化物制氢等，其中目前国内发展最快的甲醇重整制氢技术存在甲醇毒性、腐蚀性问题以及催化剂中毒等难题。$NaBH_4$水解制氢技术具有较大的优势，它的储氢密度较高，是可再生、可回收的理想能源，与传统汽油内燃机系统质量与储能比几乎相同。并且$NaBH_4$储存容易，可方便地用塑料容器在常温常压下运输，因此，硼氢化钠燃料可能通过现有的加油站网络进行运输。由于硼氢化钠制氢系统不含有二次污染物，所以不仅可用于燃料电池，而且可用于内燃机系统。

由于硼氢化钠强碱溶液催化剂水解反应制氢的优势，现已被国内外研究人员日渐关注。研究的重点主要包括：催化剂的研制以及对制氢速度的影响；硼氢化钠水解副产品的还原再生；产氢装置的设计和控制系统的开发，以及燃料电池的压力可调的氢源。控制系统流程如图6-1所示。

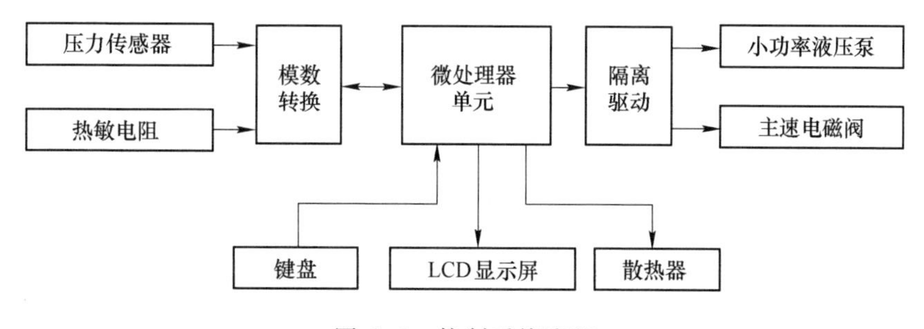

图6-1　控制系统流程

在制氢操作中，控制系统首先通过键盘输入微处理器单元，使系统开始工作并确定制氢速度。压力传感器采集反应室内的压强信号并反馈到控制系统中，控制系统调节液压泵的电压或高速电磁阀的周期开关时间，从而控制系统制氢速度。控制系统中安装的热敏电阻和氢气传感器，分别对反应室温度、散热器进出口的温度以及系统中的氢气浓度进行精确测量，温度一旦过高或有氢气泄漏现象时控制系统即报警或停机；同时，LCD 显示屏中显示用户设定值、压力信号、温度信号和制氢速度等相关信息，方便操作人员监控、联用技术等。在催化剂的研究方面，制备多组分合金化与多孔结构催化剂是研究的趋势。并且，现在有关催化剂的研究大多以间歇反应性能为主，而对催化剂在连续反应过程中稳定性和失活机理研究较少。因此，解决催化剂的稳定性以及在系统反复启动情况下的使用持续性问题将是决定 $NaBH_4$ 水解制氢性能的关键。在原料成本方面，制氢原料硼氢化钠的价格居高不下，由此制取的氢气成本也非常高，这成为制约其商业化的最大障碍。改进 $NaBH_4$ 生产工艺、解决 $NaBO_2$ 的回收利用问题、大幅度降低 $NaBH_4$ 的价格，是促进大规模硼氢化钠水解制氢工业的前提条件。因此，根据硼氢化钠质子交换膜燃料电池系统的应用前景和国外商业化步伐，系统化和装置化的研制更显示出了必要性和迫切性，亟需国内投入更多的科研力量。

国内目前生产硼氢化钠的单位主要有南通鸿志化工有限公司、张家港华昌公司、上海申宇医药公司、山东潍坊硼氢化钠公司、江苏瀚普瑞、河南郑州万象、张家港日昇化工贸易、心成化工、衢州现尔丰、宜昌联阳化工、南京大唐化工、上海锦乐实业、常州同享公司南开大学实验厂、连云港造纸厂等。张家港华昌公司目前产量为400t/a，从工艺上改进设备结构如氢化釜和蒸发结晶器，预计可显著降低 $NaBH_4$ 生产成本，规划产量将达到1000t/a。国内硼氢化钠目前用量大户是制药企业，用到某些抗菌素生产的还原剂。几乎所有的激素都要用硼氢化钠作生产的还原剂。

固体产品可参照意大利 ANIC 公司标准白色微晶固体 $NaBH_4$ 含量不小于97%，典型值98%，视密度0.4g/mL。

目前国内市场价格为16万～18万元人民币/t，国际市场为52美元/kg。日本固体粉末状产品价格为11000～11800日元/kg，液体为1060日元/kg。

生产规模：年产100t硼氢化钠固体或含9%的硼氢化钠液体，因生产规模小不考虑生产波幅。

设计为每天24h运行（3班倒），一年运行330天。这个工厂应该每小时生产12.6kg 100%的固体硼氢化钠和交替的等同的每小时42kg 9%的硼氢化钠溶液。

7 硼氢化钠的工业卫生和硼氢化物的物理化学性能

7.1 硼氢化钠的工业卫生

（1）健康危害侵入途径：吸入、经皮肤吸收。

（2）健康危害：本品强烈刺激黏膜、上呼吸道、眼睛及皮肤。吸入后，可因喉和支气管的痉挛、炎症和水肿，以及化学性肺炎和肺水肿而致死；口服则腐蚀消化道。

（3）毒理学资料及环境行为：急性毒性 LD_{50}18mg/kg（大鼠腔膜内）。

（4）危险特性：遇水、潮湿空气、酸类、氧化剂、高热及明火能引起燃烧。

（5）燃烧（分解）产物：氧化硼、氢气。

（6）泄漏应急处理：隔离泄漏污染区，周围设警告标志，切断火源。建议应急处理人员穿戴好防毒面具及防护服。不要直接接触泄漏物，禁止向泄漏物直接喷水，更不要让水进入包装容器内。用清洁的铲子收集于干燥洁净有盖的容器中，转移至安全地带。如果大量泄漏，应收集回收或进行无害处理后废弃。

（7）防护措施：

1）呼吸系统防护：作业工人应该佩戴防尘口罩，必要时建议佩戴自给式呼吸器；

2）眼睛防护：戴化学安全防护眼镜；

3）身体防护：穿相应的防护服；

4）手防护：戴防护手套；

5）其他：工作现场严禁吸烟，应进行就业前和定期的体验。

（8）急救措施：

1）皮肤接触：脱去污染的衣着，立即用流动清水彻底冲洗；

2）眼睛接触：立即提眼睑，用流动清水或生理盐水冲洗至少 15min。

7.2 硼氢化物的物理化学性能

硼氢化物的物理化学性能见表 7-1～表 7-11 和图 7-1、图 7-2。

表 7-1 硼氢化钾物理化学数据

性质	密度/g·m^{-3}	折射率	分子结构
数据及结构	1.175	1.490	$K^+[BH_4]^-$（H—B—H 四面体结构） K—B 键长为 0.3364nm

表 7-2 KBH_4 在各种溶剂中的溶解度

溶剂	溶剂沸点/℃	温度/℃	溶解度/$gKBH_4$·(100g 溶剂)$^{-1}$
水	100	25	19
液氨	-33.3	25	20
1，2-乙二胺	118	75	3.9
三甘醇二甲醚	216	0	0.1
甲醇	64.7	20	0.7
二甲替甲酰胺	153	20	15.6

表 7-3 KBH_4 的比热容

温度/K	298.15	400	500	600
c_p/J·(g·K)$^{-1}$	96.57	101.0	102.0	106.0

表 7-4 KBH_4 的热力学性能

性能参数	数据	性能参数	数据
生成热 $\Delta H_{生成}$（25℃）/kJ·mol^{-1}	-232.03	熵 S（25℃）/J·(mol·K)$^{-1}$	111.79
自由能（25℃）/kJ·mol^{-1}	-166.72	晶格能（25℃）/kJ·mol^{-1}	665.7

表 7-5 KBH_4 的热解

气氛	引起质量变化的温度/℃	完成反应的近似温度/℃	不挥发产物
空气	356	480	KBO_2
氮气	584	—	K、B
氢气	626	660	K、B

表 7-6 硼氢化钠的物理化学数据

性 质	数 据
密度/g·mL^{-1}	1.08
分子结构	Na—B 键长为 0.3082nm
熔点/℃	>400
分解温度/℃	550（在真空中，400 时分解）

表 7-7 $NaBH_4$ 在各种溶剂中的溶解度

溶剂	溶液沸点/℃	温度/℃	溶解度/$gKBH_4 \cdot (100g溶液)^{-1}$
水	100	0	25
		25	55
		60	88.5
液氨	-33.3	25	104
甲胺	-6.5	-20	27.6
乙胺	16.6	17	20.9
正丙基胺	48.7	28	9.7
异丙基胺	34.0	28	6.0
正丁胺	77.8	28	4.9
1，2-乙二胺	118	75	2.2
环己胺	134	28	1.8
苯胺	184	75	0.6
吡啶	115.3	25	3.1
乙腈	82	28	0.9
甲醇	64.7	20	16.4（反应）
乙醇	78.5	20	4.0（反应缓慢）
异丙醇	82.5	20	0.25
		60	0.88
二甲基二丙醇	82.9	25	0.11
四氢呋喃	65	20	0.1
乙二醇二甲醚	85	0	2.6
		2	0.8
二甘醇二甲醚	162	0	1.9
		20	6.5
三甘醇二甲醚	216	0	8.4
		50	8.5
四甘醇二甲醚	275	0	8.7
		50	8.4

表 7-8 $NaBH_4$ 的热解

气氛	引起质量变化的温度/℃	完成反应的近似温度/℃	不挥发产物
空气	294	420	$BaBO_2$
氮气	503	—	Na、B
氢气	512	620	Na、B

表 7-9 $NaBH_4$ 水溶液中有效氢一半释出的时间

所用化合物	时间/min	所用化合物	时间/min	所用化合物	时间/min
$FeCl_3$	38	$RuCl_2$	0.3	$OsCl_2$	18.5
$CoCl_3$	9	$RhCl_3$	0.3	$IrCl_4$	28
$NiCl_3$	18	$PdCl_3$	8.0	H_2PtCl_6	1

表 7-10 $NaBH_4$ 的比热容

温度/K	20	40	60	80	100	150	200	250	298.15
c_p/J·(mol·K)$^{-1}$	1.59	10.54	21.88	31.51	40.21	57.86	71.42	80.00	86.90

温度/K	298.15	400	500	600
固态 $NaBH_4$ 高温时的 c_p/J·(mol·K)$^{-1}$	86.48	94.56	101.8	108.6

表 7-11 $NaBH_4$ 在 25℃时的热力学数据

状 态	生成热 $\Delta H_{生成}$/kJ·mol^{-1}	自由能/kJ·mol^{-1}	熵 S/J·(mol·K)$^{-1}$
$NaBH_4$（固）	-191.13	-126.53	101.57
$NaBH_4$（溶液）	-194.1	-150.22	171.24
$NaBH_4\cdot 2H_2O$（固）	-788.08	-607.88	180.45

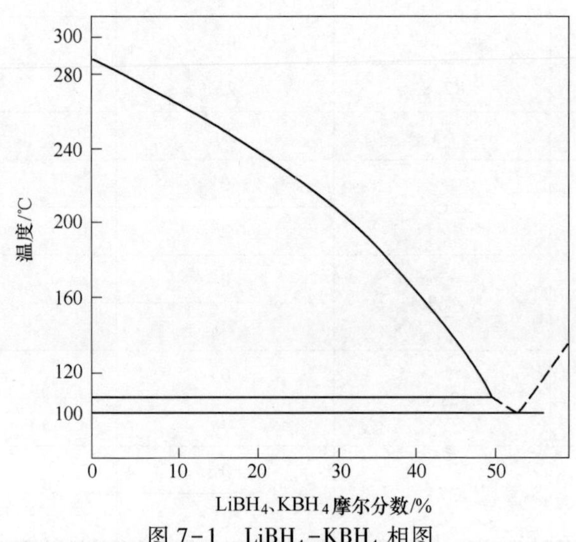

图 7-1 $LiBH_4$-KBH_4 相图

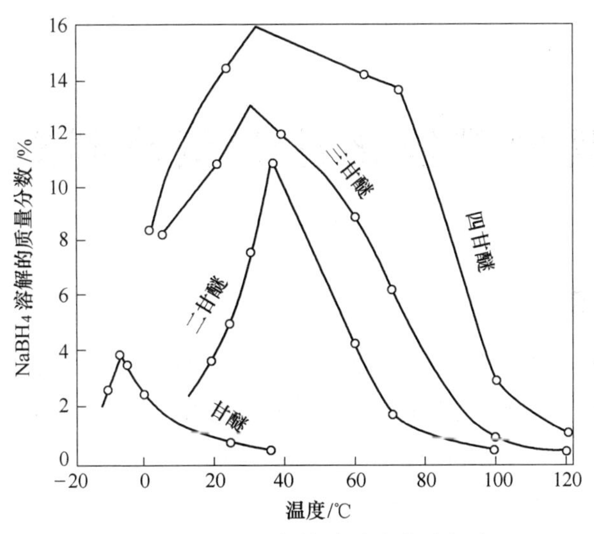

图 7-2 $NaBH_4$ 在甘醇醚中的溶解度

8 其他硼氢化盐储氢及制氢的研究

8.1 硼氢化锂

特性：无色正交晶体。熔点268℃。空气中热至约275℃分解。对干燥空气稳定，湿空气中则吸湿分解。遇酸强烈分解。与HCl反应生成氢、乙硼烷和氧化锂。与甲醇反应生成氢和硼锂氧化锂。

制法：由硼氢化钠与氯化锂反应制得。

用途：用作发生氢、有机合成中醛、酮、酯的还原剂和制备其他硼氢化物。

8.1.1 硼氢化锂水解制氢

硼氢化锂为白色的结晶粉末，分子式 $LiBH_4$，相对分子质量为21.78，密度为0.666g/cm^3，熔点为541K，在653K时释放出氢气。$LiBH_4$ 的质量储氢密度为18.36%。水解反应中计入水量后产氢率为13.9%，反应式如下：

$$LiBH_4+2H_2O \longrightarrow LiBO_2+4H_2$$

在燃料电池的应用中，如果把燃料电池生成的水作为硼氢化锂参加反应的水，则产氢率计算为37.0%。产氢率由以下公式来计算：

$$H_y = W_h/(0.37W_1)$$

式中 H_y——产氢率；

W_h——产氢质量；

W_1——$LiBH_4$ 的质量；

0.37——理论单位质量 $LiBH_4$ 产生氢气的量。

水解反应中加入化学计量比的水量即 $H_2O/LiBH_4=2$mol/mol时，产氢率随反应时间迅速增加，10s后达到50%。若加入大量的水，产氢率缓慢增加，2h后只能达到10%（见图8-1）。硼氢化锂与大量水反应的方程式如下：

$$LiBH_4+4H_2O \longrightarrow LiBO_2 \cdot 2H_2O+4H_2$$

8.1.2 硼氢化锂热分解释氢

除了硼氢化锂水解释氢，固相硼氢化物体系分解释氢由于其反应的可逆

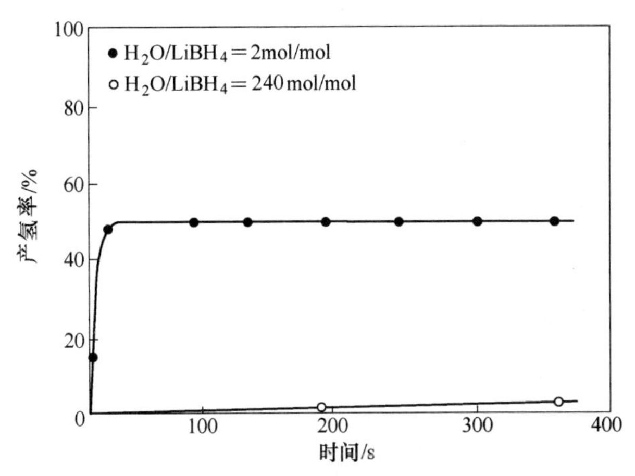

图 8-1　$LiBH_4$ 中加入化学计量比的水量与加入过量水量产氢率的比较

性，引起人们的关注。因为硼氢化锂在线储氢介质中使用温度太高，在实际应用中具有挑战性。所以，科学工作者针对硼氢化锂的脱稳剂作了大量的研究，包括 Mg、Al、MgH_2、CaH_2、$TiCl_3$、$MgCl_2$ 以及系列氧化物，都可降低 $LiBH_4$ 的分解温度，促进可逆的释氢及加氢反应。

如 $LiBH_4$ 和 MgH_2 二元体系混合 $TiCl_3$ 为催化剂，该体系的可逆储氢量超过 9%。$LiBH_4/CaH_2$ 双体系储氢量为 11.7%，反应焓 ΔH 为 59kJ/mol；若加入 0.25mol(18.2%)$TiCl_3$，再生储氢量可达 9.1%，相应的有效氢达 95%。

硼氢化锂与不同比例的氧化物混合，可以降低 $LiBH_4$ 的分解温度，脱稳顺序为：$Fe_2O_3>V_2O_5>Nb_2O_5>TiO_2>SiO_2$。质量比为 1∶2 的 $LiBH_4/Fe_2O_3$ 混合物在低于 100℃ 就开始分解，加热到 200℃ 时，有 6% 的氢气释放出来。TiO_2/SiO_2 混合物比单独的 TiO_2 和 SiO_2 的影响效果明显，反应如下：

$$LiBH_4+MO_x \longrightarrow LiMO_x+B+2H_2\uparrow$$

8.2　硼氢化钾

硼氢化钾质量储氢密度为 7.42%，在储氢及制氢方面使用比较安全，可以作为燃料电池的原料，这方面的制氢研究较少。

KBH_4 水解反应的方程式如下：

$$KBH_4+2H_2O \longrightarrow KBO_2+4H_2$$

考虑化学计量比 H_2O 中的氢，KBH_4 水溶液的产氢质量分数为 8.90%。在实际燃料电池中，硼氢化钾水解反应的产氢率与 KBH_4 浓度、碱液浓度、反应温度、电场的影响有关。室温条件下，硼氢化钾水解速度缓慢，加入碱液后反应比较稳定，在电池的阳极加上一定的电压，产氢量可以提高10~50倍。随着水解温度的升高，反应速度也加大，并且KBH_4的浓度与产氢率呈反比关系。水解反应的活化能为14700kJ/mol。

Yoshitsugu Kojima 等人采用Pt-$LiCoO_2$为催化剂催化水解硼氢化锂，产氢率可达100%，铂粒径越小催化活性越高。

硼氢化钾俗称钾硼氢，分子式为KBH_4，相对分子质量为53.94。

8.2.1 物理化学性质

硼氢化钾为白色结晶粉末，相对密度1.177。在空气中稳定，不吸湿。在真空中约500℃开始分解。熔点585℃，硼氢化钾易溶于水。

水溶液热至1000℃时，能完全释放出氢。在碱性水溶液中相当稳定，但在酸性水溶液中会被分解而放出氧。易溶于液氨，溶解度约为20g/100g液氨（25℃）。微溶于甲醇和乙醇，溶解度分别为0.7g/100g甲醇和0.25g/100g乙醇（20℃）。几乎不溶于乙酸、苯、四氢呋喃、甲醚及其他碳氢化合物中。

8.2.2 生产工艺方法

硼氢化钾有多种制备方法，如由氢化钾和硼酸三甲酯反应而得、由乙硼烷衍生而得、用硼氢化钠和氢氧化钾作用而得。后者是工业上常用的方法，其反应原理为：

$$NaBH_4+KOH \longrightarrow KBH_4+NaOH$$

硼氢化钾通常由硼氢化钠转化而来，即先用NaH与$B(OCH_3)_3$在石蜡油介质中反应生成硼氢化钠，然后在硼氢化钠碱性溶液中加入氢氧化钾水溶液，通过复分解反应生成硼氢化钾。生产工艺流程如图8-2所示。

整个工艺过程中的酯化、氧化、缩合和水解等工序和硼氢化钠生产相同。

将硼氢化钾生产中得到的水解产品，经计量送入结晶器中。这是因为硼氢化钾在水中的溶解度要比硼氢化钠小得多的缘故。20℃时KBH_4的溶解度（水中）为19.8g/100g，而$NaBH_4$的溶解度为55g/100g。在60℃下反应1h，然后缓慢冷却，静置12h，用冷却水冷至尽量低的温度下离心分离，结晶物品洗涤，在80℃温度下干燥约16h，即得KBH_4产品。母液中CH_3OH和NaOH回收利用。

主要技术经济指标如表8-1所示。

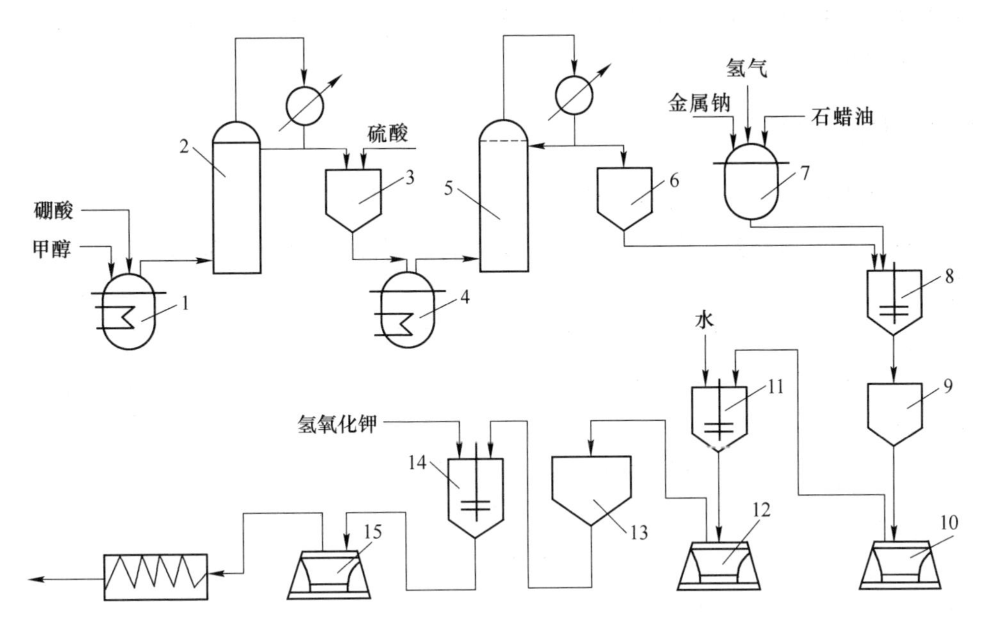

图 8-2 硼氢化钾生产工艺流程

1—粗馏釜；2，5—粗馏塔；3—酸洗槽；4—粗馏器；6—硼酸甲酯接收器；7—氢化釜；8—缩合罐；9—冷却器；10，12，15—离心机；11—水解器；13—分层器；14—结晶器

表 8-1 主要技术经济指标

指 标		数 据
收率/%		86.49
消耗定额	金属钠/t·t^{-1}	1.972
	硼酸/t·t^{-1}	0.828
	甲醇/t·t^{-1}	2.197
	酒精/t·t^{-1}	0.787
	石蜡/t·t^{-1}	0.3
	氢气（98.5%）/m^3	1.28
产品规格	硼氢化钾含量/%	优级品>95，甲级品>92，乙级品>90
企业标准		外观白色粉末疏松状晶体

8.2.3 硼氢化钾的用途

硼氢化钾用于有机选择性基团的还原反应；用作醛类、酮类和酰氯类的还原剂，能将有机官能团 RCHO、RCOR、RCOCl 还原为 RCH_2、RHR_2、

HOHR、RCH_2OH 等；也可用于分析化学及造纸工业含汞污水的处理以及合成维生素钾。

8.3 硼氢化铝

硼氢化铝的分子式为 $Al(BH_4)_3$，相对分子质量为 71.51。

$Al(BH_4)_3$ 起初是用三甲基铝与过量的乙硼烷反应来制备的，化学反应式为：

$$MeAl_2+4B_2H_6 \longrightarrow 2Al(BH_4)_3+MeB_2$$

更方便的制法是用 $AlCl_3$ 与 $NaBH_4$ 在 100~150℃下，在没有溶剂的情况下进行反应：

$$3NaBH_4+AlCl_3 \longrightarrow Al(BH_4)_3+3NaCl$$

如果卤化铝过量，则产生氯化硼氢化铝 $ClAl(BH_4)_2$ 或 Cl_2AlBH_4。$NaBH_4$ 是用 $B(OCH_3)_3$ 与 NaH 在 250℃反应制取的。通过 $AlCl_3$ 与 $LiBH_4$ 或 KBH_4 反应亦可得到 $Al(BH_4)_3$。

$Al(BH_4)_3$ 是挥发性的无色液体，沸点为 44.5℃，熔点为-64.5℃，是铝化合物中最易挥发的。它在空气中会猛烈氢化，但在真空中低于 25℃时分解得很慢。其他的双氢硼化物产品都可用置换反应制得。曾有人提出利用硼氢化铝作为火箭的燃料，近来对硼金属化合物精制方面的应用有了新的发展。现在已证明硼氢化铝有良好的生成热，如其与氢混合时，生成热为 15889kJ/kg，而戊烷为 10460kJ/kg。而且硼氢化铝水解后每千克氢气的生成量远远超过了 LiH，前者为 3761L，而后者仅为 2820L。

8.4 硼氢化铍

硼氢化铍分子式为 $Be(BH_4)_2$，相对分子质量为 38.70。

硼氢化铍是通过硼氢化锂或硼氢化钠同相应金属卤化物 $BeCl_2$ 的交换反应来制备的。Schlessinger 等人报道的硼氢化铍最方便的制备方法是将硼氢化锂和氯化铍放在一起于 90~140℃共热，并在-80℃捕集这个挥发性化合物：

$$BeCl_2+2LiBH_4 \longrightarrow Be(BH_4)_2+2LiCl$$

硼氢化铍可用来精制硼化合物。

关于硼氢化铍的制取方法也可以用氢化铍与乙硼烷相互作用，但一般多不采用这个路线，而是用 $NaBH_4$ 与 $BeCl_2$ 在丙胺中进行反应，这个方法较前一个方法优点多，因为这两种原料都较易得。

硼氢化铍是典型的共价分子，图 8-3 所示为气态 $Be(BH_4)_2$ 的分子结构。

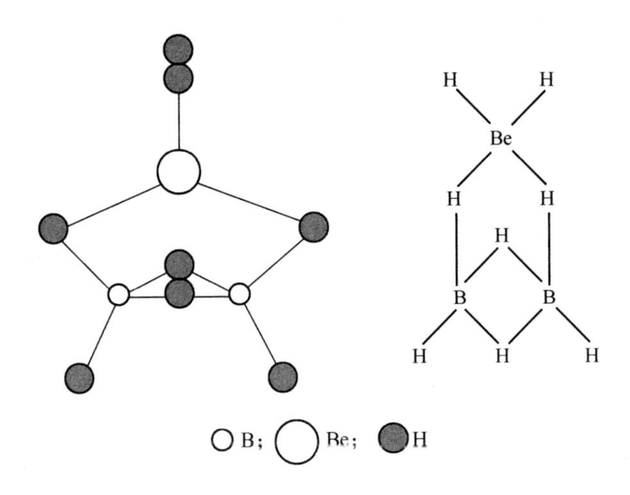

图 8-3 气态 $Be(BH_4)_2$ 的分子结构

蒸气密度测量表明，$Be(BH_4)_2$ 在气相中是单分子的。它的固体在 123℃ 熔化即分解，在 16.9~69℃ 区间的蒸气压可表示为 $p=1.5489\sim462.3\text{kPa}/T$，计算的升华温度为 91.3℃ 和气化热为 62.2kJ/mol。固态 $Be(BH_4)_2$ 为白色晶体，属四方晶系，在每个晶胞中有 16 个分子，晶格参数为 $a=1.359\text{nm}$ 和 $c=0.992\text{nm}$。

$Be(BH_4)_2$ 同水猛烈地作用放出氢气，它在空气中会自燃，-80℃ 时同干燥氯化氢气发生反应生成氢、二硼烷和氯化硼烷，100℃ 时在过量氯化氢中则发生以下反应：

$$Be(BH_4)_2+2HCl \longrightarrow BeCl_2+B_2H_6+2H_2$$

由于 $Be(BH_4)_2$ 在结构上部分地同乙硼烷有类似性（主要是缺电子化合物），可以预期 $Be(BH_4)_2$ 将能同配位体分子作用生成加合物。

8.5 硼氢化钙

硼氢化钙分子式为 $Ca(BH_4)_2$，相对分子质量为 69.76。

碱金属的四氢合硼酸盐 MBH_4（M＝Li、Na、K）都是重要的化合物，因为它们是制备其他硼氢化物的原料，常用作还原剂。钾盐和钠盐是以工业规模制备的，碱土金属的四氢合硼酸盐 $M(BH_4)_2$（M＝Mg、Ca、Sr、Ba）还没有得到广泛的应用，不过双四氢合硼酸钙 $Ca(BH_4)_2$ 在四氢呋喃 THF 中有很大的溶解度，因而可以考虑它作为锂盐和钠盐的一种代替物而有很大的潜在用途。

双四氢合硼酸钙可以通过四氢合硼酸钠和二氯化钙在一种适当的溶剂如

二甲基甲酰胺、一种胺或一种醇中发生阳离子交换来制备。制备极纯 $Ca(BH_4)_2$ 的方法是二氢化钙同三乙胺甲硼烷加合物的反应。这个方法也可用于制备其他的碱金属和碱土金属四氢合硼酸盐。三乙胺甲硼烷加合物可以用多种方法来制备，例如用三乙胺、四氢合硼酸钠和三氯化硼来制备；在三乙胺存在下，由三烷氢基硼、金属铝和氢气来制备；或通过三乙基三乙胺混合物的加压氢化来制备。三乙胺甲硼烷加合物是一种无色液体（熔点 -2℃），它在室温下对于空气和湿气是稳定的，并很容易用真空蒸馏的方法进行提纯（沸点 95~96℃，1.6kPa）。

合成 $Ca(BH_4)_2$ 装置如图 8-4 所示，在一支 2L 三颈圆底烧瓶上装配一滴液漏斗、一高功率金属搅拌器、一支温度计套管和一支减压蒸馏（Claisen）冷凝管并连向一支 1L 的接收瓶。在向烧瓶中加入试剂之后且在装上滴液漏斗之前，从如图所示的入口通入一股干燥的氩气流以吹洗仪器，并从出口 A 处导出。在整个实验过程中，仪器中保持以恒压的氩气，使用一支没有涂脂活塞的滴液漏斗组件。

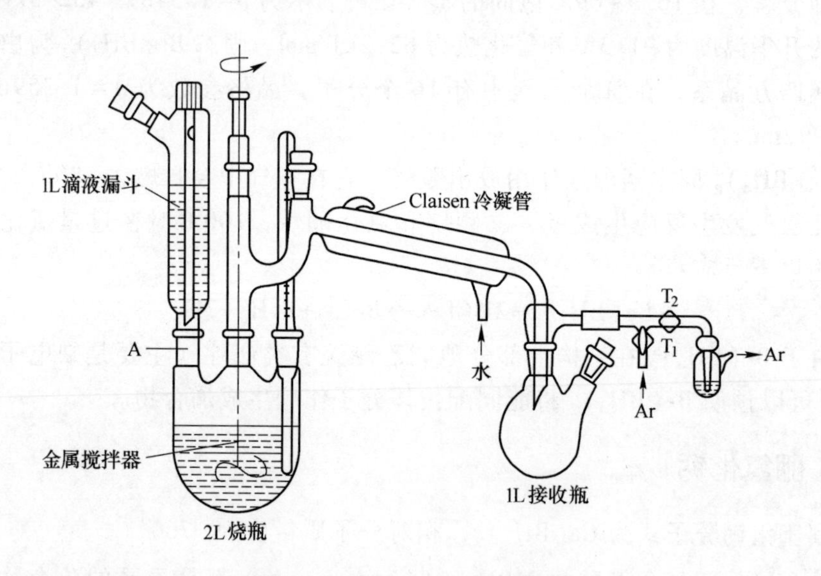

图 8-4　合成 $Ca(BH_4)_2$ 装置

在 3h 内把 486g(4.22mol) 三乙胺甲硼烷加合物滴加到经充分搅拌并溶有 68.7g(1.63mol) 氢化钙的 500mL 六氢枯烯（也可以使用其他的饱和烃如十氢萘，但它应有与六氢枯烯相似或更高些的沸点）的微细悬浮液中，保持浴温为 40~150℃。释放出的三乙胺同一些溶剂一起蒸馏出来。反应混合物的温度自动调节到约 135℃。在有约 400mL 液体蒸馏出来之后，将浴温升高到约175℃，在这样的条件下，大部分的六氢枯烯被蒸馏出来。反应混合物冷却后得到一种灰色黏稠的悬浮液。在继续通入氩气的情况下，取下滴液漏斗，并对着逆流的氩气换上一支磨砂玻璃活塞。对着逆流的氩气给仪器装上一支新的500mL接收瓶，同时小心操作使空气扩散进入仪器的可能性保持为最低。关闭活塞T_1和T_2，并在真空下蒸除剩余的溶剂（沸点43~45℃，12kPa，浴温约80℃）。然后减压蒸馏除去过量的三乙胺甲硼烷加合物（沸点93~97℃，2~2.13kPa，浴温最高为160℃），待烧瓶冷却到室温后，慢慢打开活塞T_1，并向仪器中充入氩气到0.1MPa。当到0.1MPa时，再打开T_2。用上述方法从98g(2.33mol）氢化钙（在1L六氢枯烯中）和556.6g（4.85mol）三乙胺甲硼烷加合物中得到残渣双四氢合硼酸钙1153.9g（产率94.6%），纯度为91.2%。

如有必要，双四氢合硼酸钙可以按如下方法进行提纯：通过一只插在A处的活塞再通入逆流的氩气，用一支回流冷凝器换下Claisen冷凝管。把总量为1.4L的纯THF分成了小份（每份50~100mL）并小心地通过回流冷凝器的顶部（注意：此过程中会发生一个剧烈的放热反应）。在加入THF的过程中，不时搅拌烧瓶，并用水浴进行冷却，得到一种难以过滤的极细的深灰色悬浮液。将它分成数份进行离心分离。将全部装置移入一只大的充氩的干燥离心机中进行离心分离。在一缓慢的氩气流下通过倾泻或虹吸的方法，将清澈的深棕色溶液从沉淀物中分离，此沉淀物中含有来自氢化钙的杂质。

用图8-4中所示的仪器在氩气氛下通过常压蒸馏蒸除大部分的THF（沸点65~66℃，浴温最高120℃），然后换下接收瓶，在真空下（2~2.13kPa）蒸除剩余的溶剂。最后将晶状的$Ca(BH_4)_2 \cdot 2THF$放在真空中（53.3~80Pa）加热3~4h，最高浴温为240℃。冷却时通入氩气达到101.325kPa，得到108g无溶剂的双四氢合硼酸钙（产率为95%），纯度为94%，它是一种轻质的灰白色粉末。

得到的双四氢合硼酸钙是一种很细的粉末，它必须储存在密闭的容器中。它在室温下在干燥的空气中是稳定的，但痕量的湿气会把它分解并放出氢气。当加入稀盐酸时，它定量地放出氢气。该化合物在约260℃分解，溶剂化配合物$Ca(BH_4)_2 \cdot 2THF$在真空下加热至240℃时失去THF。双四氢合硼酸钙溶解在THF中时放热，并可以从溶液中分离出晶状的$Ca(BH_4)_2 \cdot 2THF$。$Ca(BH_4)_2 \cdot 2THF$极易溶于二甲亚砜、六甲基磷酸三胺和双-(2-甲氧基乙基）醚（二甘醚）中。

红外光谱在2245cm^{-1}处有B-H伸缩振动：THF溶液中的^1H核磁共振谱

在 v10.16(J_{B-H}^{11} = 81Hz) 处有一组四重峰；THF 溶液中的^{11}B 核磁共振谱在$(C_2H_5)_2O \cdot BF_3$(J^{11}约为 80Hz) 的低场强方向上的 δ36 处有一组五重峰。

8.6　硼氢化镁

硼氢化镁分子式为 $Mg(BH_4)_2$，相对分子质量为 53.99。

硼氢化镁储氢质量密度较大，储氢质量分数为 14.8%，储氢的体积密度为 112g/L，是一种很有发展前景的储氢材料。

8.6.1　硼氢化镁的晶体结构

J. H. Her 等人认为 $Mg(BH_4)_2$ 具有两种结构类型。在温度 453K 下，它是可以稳定存在的六方结构，具有 $P6_1$ 空间群；随着温度的升高，$Mg(BH_4)_2$ 由六方晶系转变为正交晶系，其空间群为 Fddd；当达到 613K 时 $Mg(BH_4)_2$ 开始分解，释放出氢气。这两种构型都是以 Mg 原子为中心，BH_4 基团位于四面体的角上，从而形成复杂的网状结构。

2007 年 M. D. Riktor 等人采用原位同步辐射 X 衍射分析、热脱附谱以及 X 射线能谱分析了 $Mg(BH_4)_2$ 和 $Ca(BH_4)_2$ 的相转化及热分解过程，结果表明 $Mg(BH_4)_2$ 在温度为 453~463K 范围内，从 α-晶型转化为 β-晶型，β-晶型的硼氢化镁在 518~581K 发生分解反应。

V. Ozolins 采用密度泛函理论及新近发展起来的静电基态检索方法，预测了热力学 0K 下 $Mg(BH_4)_2$ 晶体结构具有 1-4m2 对称性，其焓值为 5kJ/mol，低于 $P6_1$ 空间群结构，通过对 H_2 热力学的计算，其值在释氢及储氢的可逆范围之内。

Lyci George 在金刚石压砧装置上，采用 X 衍射及拉曼光谱对 $Mg(BH_4)_2$ 在高压条件下的晶体结构进行了研究，在 0.2GPa 压力下，其空间群为 $P6_1$，a=1.0047nm，c=3.634nm，V=3.176nm^3。在 2.5~3.35GPa 压力下，$Mg(BH_4)_2$ 的晶型发生不可逆的转化。$Mg(BH_4)_2$ 呈六方结构。在 14.4GPa 压力下晶型发生可逆转化。10.2GPa 高压下，$Mg(BH_4)_2$ 晶型与高温下的晶型不同，$Mg(BH_4)_2$ 呈六方结构，空间群为 $P6_3$。

2008 年 Bing Dai 基于密度泛函理论（DFT）第一性原理解构了低温与高温相 $Mg(BH_4)_2$ 的晶体结构，$Mg(BH_4)_2$ 低温弛豫结构属 $P6_122$ 空间群。2009 年 Yaroslav Filinchuk 采用同步辐射 X 射线衍射、单晶解析和振动光谱学修正了早期 α 相 $Mg(BH_4)_2$ 的空间群，低温 100K 时空间群为 $P6_122$，这与 DFT 解释相同。其所述晶体的几何构型如图 8-5 所示。

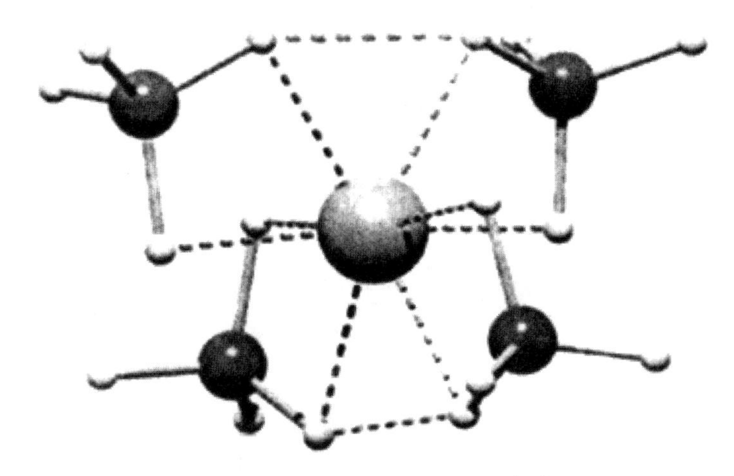

图 8-5 α-$Mg(BH_4)_2$ 的分子几何构型

（两个接近平面的 BH_2-Mg-H_2B 片段两面角接近 90°）

2009 年 Radovan Cerny 等人对 α-$Mg(BH_4)_2$ 和 $Mn(BH_4)_2$ 的晶体结构进行了解析。α-$Mg(BH_4)_2$ 由层 L 组成，每个晶胞由 $M_4(BH_4)_{10}$组成，沿 c 轴叠加。α-$Mg(BH_4)_2$ 沿 6_1 轴旋转 60°，相同的六层沿矢量 c 轴叠加，层 L 间插入薄层 L′，每层每个晶胞包含一个 Mg 原子。两种物质的层 L 都为非紧密堆积，每个晶胞具有大致 $21\times10^{-3}nm^3$ 的孤立空间，占据了 6%的空间。在 α-$Mg(BH_4)_2$ 中，层 L 由 Mg1 和 Mg2 原子组成，层 L′由 Mg3 原子组成，在每个晶胞中基本的晶体构型（L+L′）是：

$$Mg_4(BH_4)_{10}+Mg = Mg_5(BH_4)_{10}$$

α-$Mg(BH_4)_2$ 典型的层状结构反映了它的各向异性（见图 8-6）。

8.6.2 硼氢化镁的热分解

硼氢化镁在 270℃分解，比锂、钠、钙等硼氢化物有着更低的分解温度。硼氢化镁可以完全释放出氢气，得到单一相 MgB_2。最近的研究表明，硼氢化镁脱氢与吸氢的过程是部分可逆的反应。众多工作者对硼氢化镁的热分解步骤有着不同的解释，最主要的分解途径如图 8-7 所示。

T. Matsunaga 通过程序升温脱附法（TPD），认为 $Mg(BH_4)_2$ 的热分解反应分为两步，在 563K 时发生第一步反应，生成了 MgH_2；温度大于 590K 时，生成 Mg：

$$Mg(BH_4)_2 \longrightarrow MgH_2+2B+3H_2 \text{（第一步）}$$

$$MgH_2 \longrightarrow Mg+H_2 \text{（第二步）}$$

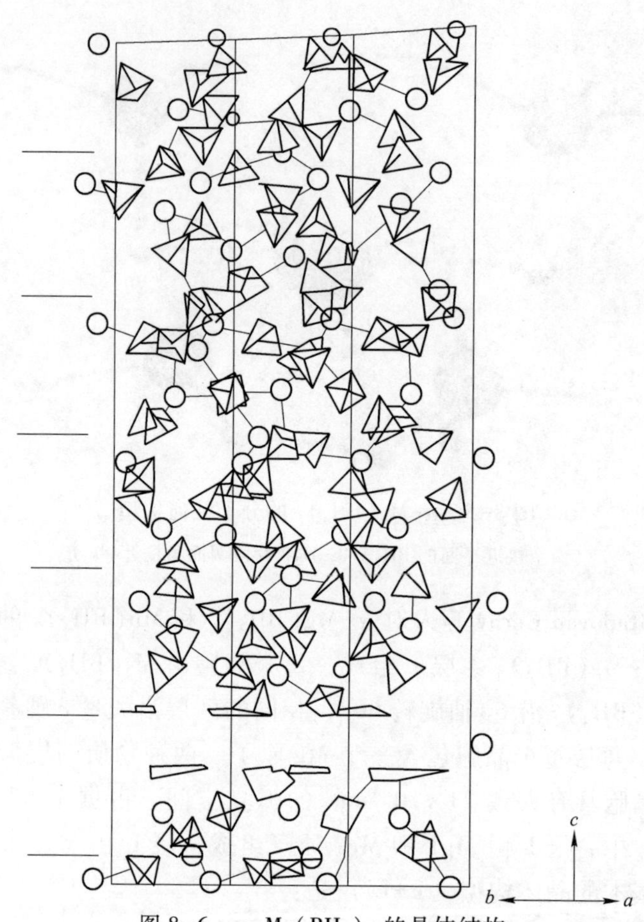

图 8-6 α-$Mg(BH_4)_2$ 的晶体结构

（每层中包含两种不同的 Mg 原子，四面体为［BH_4］基团，层 L 间插薄层 L′，薄层 L′包含第三种 Mg 原子）

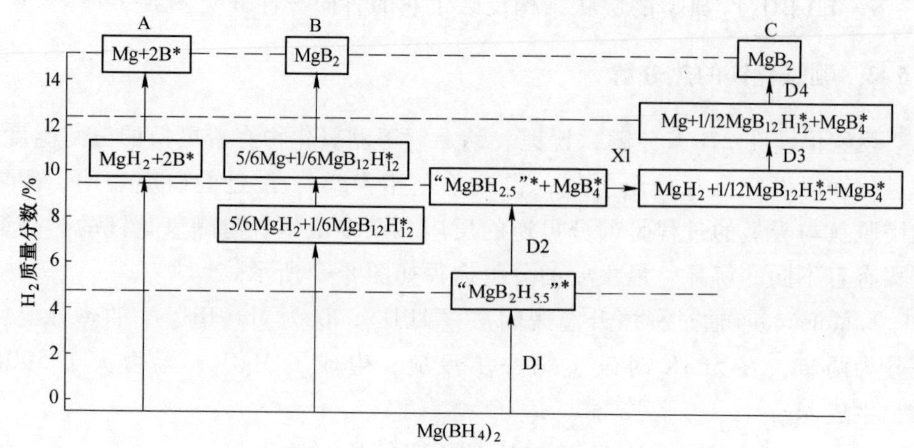

图 8-7 $Mg(BH_4)_2$ 的分解途径

（星号表示无定形，虚线表示氢变化步骤）

通过使用 563K 和 623K 之间平衡测试的范特霍夫图，得出第一步降解的焓值 $\Delta H = 39.3\text{kJ/mol } H_2$，显而易见，该数值明显低于纯 $LiBH_4$ 的焓值（$\Delta H = 74.9\text{kJ/mol } H_2$）。但是，当氢气压力为 10MPa 时，只有第二步可以在 623K 的温度下进行可逆反应。在氢气压力达 1.0MPa 时，在 586～596K 时 $Mg(BH_4)_2$ 转化为 MgH_2，683～693K 时 MgH_2 转化为 Mg。

进一步的实验及理论研究表明：$Mg(BH_4)_2$ 完全脱氢和部分吸氢的过程生成具有 $B_{12}H_{12}$ 原子簇的 $MgB_{12}H_{12}$ 化合物。反应过程如下：

$$Mg(BH_4)_2 \longrightarrow \frac{1}{6}MgB_{12}H_{12} + \frac{5}{6}MgH_2 +$$

$$\frac{13}{6}H_2 \rightleftharpoons MgH_2 + 2B + 3H_2 \rightleftharpoons Mg + 2B + 4H_2$$

$Mg(BH_4)_2$ 在大约 520K 时开始脱氢，达到 800K 时脱去质量分数为 14.4%的氢。在此过程中，由于形成 $MgB_{12}H_{12}$ 化合物，吸附了质量分数为 6.1%的氢。

Grigorii L. Soloveichik 通过热量测定、原位 X 衍射和固相 NMR 研究表明，$Mg(BH_4)_2$ 热解至少经过四个步骤，包括几种无定形聚硼烷以及 MgH_2 晶体等中间产物的生成。采用 ^{11}B NMR 方法进一步证明 $MgB_{12}H_{12}$ 是硼氢化镁脱氢过程中的主要中间产物。Anant D. Kulkarni 认为，无定形 $MgB_{12}H_{12}$ 是与预测基态结构能量相近的不同结构的聚合体，这些聚合体具有相同的能量。

Rebecca J. Newhouse 在硼氢化镁中加入摩尔分数为 5% 的 TiF_3 和 $ScCl_3$，发现可以明显促进氢气的解吸，氢气解吸率可以达到 95%，解吸速度比不加添加剂快 5 倍。在分解的过程中，添加剂在 300℃ 促进了中间产物的形成，到 600℃ 时就基本转化为 MgB_2。

X. B. Yu 等人对 $Mg(BH_4)_2$ 进行了研究，使得 $Mg(BH_4)_2$-$LiNH_2$ 二元体系在脱氢方面有了明显的改进，等摩尔比的 $Mg(BH_4)_2$-$LiNH_2$ 混合物在升温过程中发生两次失重，300℃ 以下失重 7.2%（质量分数，下同），300～500℃ 失重 4.2%，利用 Kissinger 方法分别计算两步脱氢活化能，分别为 12.1kJ/mol 和 236.6kJ/mol。这种二元体系被认为是通过［BH_4］与［NH_2］反应，导致 LiMg 合金及无定形 B-N 化合物的形成。

8.6.3 硼氢化镁的制备方法

合成 $Mg(BH_4)_2$ 主要有两种方法：一种方法是二硼烷（B_2H_6）与镁或者镁化合物反应生成 $Mg(BH_4)_2$，缺点是二硼烷是一种有毒化合物；另一种方法是采用镁的卤化物与碱金属硼氢化物为原料，一般在乙醚和四氢呋喃等有机溶剂中发生复分解反应，生成由 $Mg(BH_4)_2$ 和溶剂组成的溶剂化物，如 $Mg(BH_4)_2 \cdot 3THF$，然后从溶剂化物中提取 $Mg(BH_4)_2$，因为硼氢化镁与溶剂具有比较强的亲和力，所以最后一步执行较困难。

30 年前苏联工作者用 $NaBH_4$ 和无水氯化镁为原料在乙醚中制备出 $Mg(BH_4)_2$。

1957 年 L. George 采用复分解反应，在室温条件下，溶于一乙胺溶剂的硼氢化钠与溶于相同溶剂中的无水硫酸镁反应，出现沉淀，蒸馏除去溶剂后，得到硼氢化镁产物。

Grigorli Lev Soloveichik 等人把硼氢化物（硼氢化钠、硼氢化钾、硼氢化钙和硼氢化锶等一种或几种混合物）与镁盐（氯化镁、硫酸镁、磷酸镁等一种或几种混合物）在烷基醚溶剂中混合后研磨（包括球磨、锤磨和棒磨等）反应，真空条件下除去溶剂后，得到硼氢化镁产物。其中硼氢化物与镁盐不溶于溶剂。硼氢化镁产物为正交晶系，晶胞参数为：$a=3.7072$nm，$b=1.86476$nm，$c=1.09123$nm($z=64$)，晶胞体积 $V=7.54371\text{nm}^3$。

2008 年 H. W. LiA 采用机械力活化化学合成方法制备出硼氢化镁，首先将化学计量比为 2∶1 的 $NaBH_4$ 和 $MgCl_2$ 在玛瑙研钵中预先混合，然后在高纯氩气氛下（压强 0.1MPa）用永磁磨粉机（magneto-mill）球磨 2h，转入烧瓶中，加入乙醚，煮沸反应 60h，然后冷至室温、过滤，然后在 515K 温度下烘干 5h，得到一种白色的粉末——无定形的硼氢化镁。反应方程式如下：

$$2NaBH_4+MgCl_2 \longrightarrow Mg(BH_4)_2+2NaCl$$

上述方法中最经典的合成 $Mg(BH_4)_2$ 的步骤就是，在溶剂化物乙醚配合物的热分解过程中，要达到 98% 的纯度，$Mg(BH_4)_2$ 就需要反应一周的时间。这明显阻碍了 $Mg(BH_4)_2$ 实际工业化的开发进程。改进的方法就是提高热分解温度达到 230℃ 或者提高真空度达到 0.133Pa，则只需要 12h 就可完成反应。

为了避免溶剂化物热分解的步骤，Pierino Zanella 于 2007 年采用了非配位阴离子溶剂（如脂肪族或芳烃族化合物），或者生成产物只有 $Mg(BH_4)_2$ 是固相，通过简单的液固分离就可得到 $Mg(BH_4)_2$ 产物。这两种方法都采用市售原料得到了高纯的六方晶系的 $Mg(BH_4)_2$ 多晶体。第一种方法通过镁金属有机化合物 $Mg(C_4H_9)_2$ 和 $Al(BH_4)_3$ 发生复分解反应得到 $Mg(BH_4)_2$，其中 $Al(BH_4)_3$ 可以通过 $AlCl_3$ 与 $LiBH_4$ 的简单反应得到。反应方程式如下：

$$3Mg(C_4H_9)_2+2Al(BH_4)_3 \longrightarrow 3Mg(BH_4)_2+2Al(C_4H_9)_3$$

$$AlCl_3+3LiBH_4 \longrightarrow Al(BH_4)_3+3LiCl$$

第二种方法是以 $Mg(C_4H_9)_2$ 为镁源，$BH_3 \cdot S(CH_3)_2$ 硼烷配合物提供 BH_4^-，甲苯为溶剂，发生如下反应：

$$3Mg(C_4H_9)_2 + 8BH_3 \cdot S(CH_3)_2 \longrightarrow$$
$$3Mg(BH_4)_2 \cdot 2S(CH_3)_2 + 2B(C_4H_9)_3 \cdot S(CH_3)_2$$

通过反应得到的白色沉淀经过滤、洗涤、干燥，得到 $Mg(BH_4)_2 \cdot 2S(CH_3)_2$，由于 $S(CH_3)_2$ 是一种比较弱的路易斯碱，$Mg(BH_4)_2 \cdot 2S(CH_3)_2$ 之间的弱键容易断裂生成高纯的 $Mg(BH_4)_2$；另一种副产品 $B(C_4H_9)_3 \cdot S(CH_3)_2$ 易溶于甲苯，容易除去。这种方法相当于是对把 BH_3 逐步加入 Mg—C 键方法的改进。

T. Matsunaga 采用 $LiBH_4$ 和 $MgCl_2$ 为原料，在不加溶剂的氩气氛条件下，通过热处理发生复分解反应：

$$2LiBH_4+MgCl_2 = Mg(BH_4)_2+2LiCl$$

得到由 LiCl 和 $Mg(BH_4)_2$ 组成的混合物。

2007 年 Krzysztof Chlopek 采用湿化学合成方法，以氢化镁和氨基硼烷制备出高纯度 α-相硼氢化镁，其中，氨基硼烷是提供 BH_3 的原料。这种方法的优点就是所得到的物质与溶剂不发生键合作用，不会产生固体杂质。这种 α-相硼氢化镁在惰性气体、氢气氛或真空条件下，在 190℃ 下发生不可逆反应，$Mg(BH_4)_2$ 由 α-相转变为 β-相。

碱土金属硼氢化物的四氢呋喃溶液可以还原 2-甲基-3-羟基-4，5-双嘧啶生成维生素 B6。可以将氢气储存在固态的硼氢化镁中，是一种极具发展前景的储氢材料，有望制成燃料电池应用于汽车工业。

8.6.4 硼氢化镁配合物

G. L. Soloveichik 制备合成了硼氢化镁配合物 $Mg(BH_4)_2 \cdot Me_2NC_2H_4NMe_2$，这种配合物的单体以准四面体的几何构型围绕着 Mg 原子，含有三齿 B 的 BH_4 基团与 Mg 原子短键相连。

Grigorii Soloveichik 采用六氨络合物 $Mg(BH_4)_2 \cdot 6NH_3$ 为原料，在真空、温度 125℃、时间 4h 条件下，热分解得到 $Mg(BH_4)_2 \cdot 2NH_3$。其中 $Mg(BH_4)_2 \cdot 6NH_3$ 属立方晶系，空间群为 Fm-3m，晶胞参数 $a=1.082$nm，它与 $Mg(NH_3)_6Cl_2$ 属同构化合物。$Mg(BH_4)_2 \cdot 2NH_3$ 属正交晶系，空间群为 pcab，晶胞参数 $a=1.74872$nm，$b=0.94132$nm，$c=0.87304$nm，$z=8$。这种硼氢化镁的氨基配合物 $Mg(BH_4)_2 \cdot 2NH_3$ 含有质量分数为 16.0%的氢，

在150℃开始分解，205℃释放出大量的氢气，400℃释放出质量分数为13.1%的氢气。

易挥发的$Mg(B_3H_8)_2$、$Mg(B_3H_8)_2(Et_2O)_2$、$Mg(B_3H_8)_2(Me_2O)_2$等也被合成出来，其结构通过晶体分析确定为$Mg[B_3H_8]$配合物。分子结构如图8-8所示。

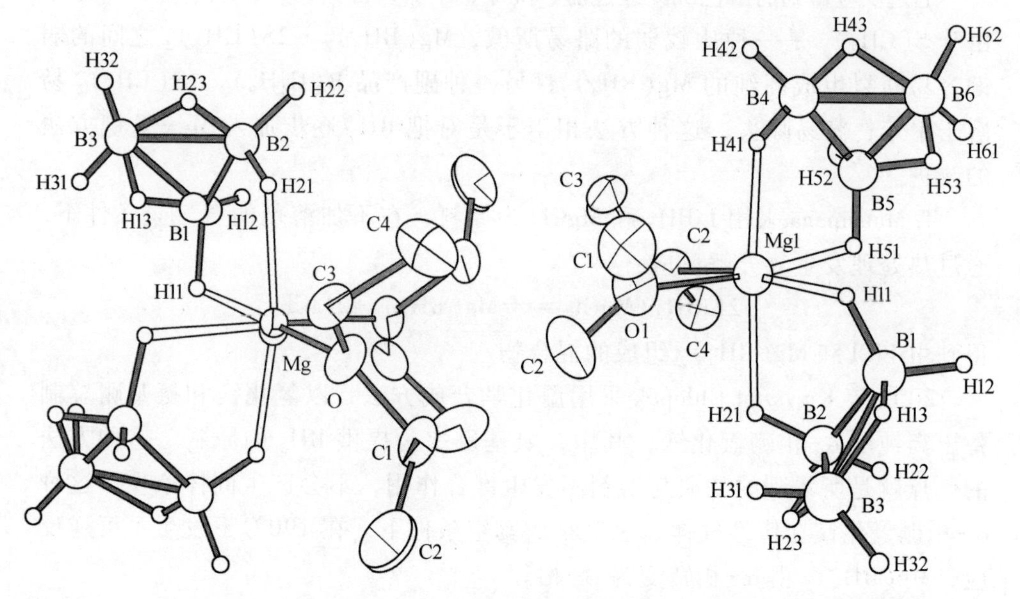

图8-8　$Mg(B_3H_8)_2(Et_2O)_2$、$Mg(B_3H_8)_2(Me_2O)_2$分子结构

8.7　硼氢化锆

硼氢化锆分子式为$Zr(BH_4)_4$，相对分子质量为150.59。

8.7.1　硼氢化锆的特性

周期表中ⅣB族中的硼氢化物与铍、铝、铀硼氢化物一样具有高挥发性，硼氢化物的还原能力与金属离子和$[BH_4]^-$基团有很大关系，具有较大电负性的金属硼氢化物显示出更多的BH_3+H^-的性质。当暴露于空气时，铝、铍、锆、铪硼氢化物剧烈燃烧。

$Zr(BH_4)_4$熔点为28.7℃，沸点为123℃，升华热为56.9kJ/mol，蒸发热为38.9kJ/mol，熔化热为18kJ/mol。它是一种低熔点、易挥发的固体，其蒸气压见表8-2，类似于硼氢化铝。

表 8-2 钍、铪和锆硼氢化物在不同温度下的蒸气压

温度/℃	蒸气压/Pa		
	硼氢化钍	硼氢化铪	硼氢化锆
0			
10			
25		293.31	239.98
30		626.61	559.95
40		1986.5	1999.83
50		2799.76	2706.44
130	6.67	4799.59	4426.29
150	26.66	7519.36	6959.41

$Zr(BH_4)_4$ 是一种富氢材料，氢的质量分数较高达 10.7%，是一种共价硼氢化合物，其中的氢核可以作为快速中子的缓释剂。$Zr(BH_4)_4$ 气相降解温度为 430K，在加热条件下会生成 $B_2H_6 \cdot H_2O$。

$Zr(BH_4)_4$ 理论计算的氢浓度为 7.5×10^{28} 个/m^3，超过 ZrH_2 和水的氢浓度（见表 8-3）。

表 8-3 $Zr(BH_4)_4$ 和 ZrH_2 的氢密度和性质

化合物	状态	相对分子质量	密度 /kg·m^{-3}	原子浓度/个·m^{-3}			
				H	Zr	B	O
$Zr(BH_4)_4$	粉末	150.60	1.18×10^3	7.5×10^{28}	0.5×10^{28}	1.9×10^{28}	—
ZrH_2	粉末	93.24	5.6×10^3	7.2×10^{28}	3.6×10^{28}	—	—
H_2O	液态	18.02	1.0×10^3	6.7×10^{28}	—	—	3.3×10^{28}

通过单晶 X 射线结构分析，在-160℃下的 $Zr(BH_4)_4$ 晶体属于立方晶系，空间群为 P-43m，晶格参数 $a=0.586$nm、$z=1$，属非中心对称点群 T_d，锆原子与周围的 4 个等价硼原子构成四面体，Zr…B=(0.234±0.003) nm 空间群的对称性表明每个 Zr…B 轴都为 c_3 轴（见图 8-9）。

8.7.2 硼氢化锆的制备

1949 年，H. R. Hoekstra 等人采用类似于制备硼氢化铪的方法，以硼氢化铝和复盐 $NaZrF_5$ 为原料，以乙醚为溶剂合成出硼氢化锆。其中，氟化锆的合成采用氢化锆与氟化氢为原料，在反应温度为 400~450℃、反应时间为 1~1.5h 条件下反应得到氟化锆，产率达到 98.7%。ZrF_4 具有化学惰性，氟

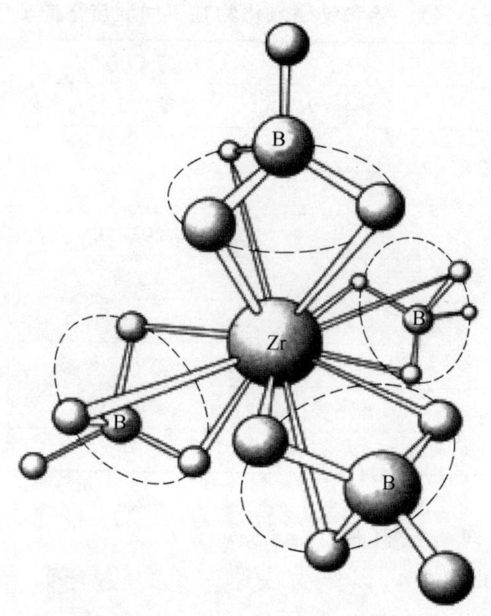

图 8-9　$Zr(BH_4)_4$ 的分子结构

化锆与氟化钠熔融反应得到复盐 $NaZrF_5$。反应方程式如下：

$$NaZrF_5+2Al(BH_4)_3 \longrightarrow Zr(BH_4)_4+2AlF_2BH_4+NaF$$

硼氢化锆的制备还可以采用 Smith 和 Harris 的制备方法，硼氢化铝与无水氯化锆反应得到硼氢化锆。这个方法的优点是在短时间内反应基本完全，缺点是易生成氯硼氢化物，并且不易分离。

Ca、Mn、Zn、Al、Y、Zr、Hf 等的混合物在氩气气氛及压力为 0.1MPa 下，机械球磨 5h 得到预期产物——Mg、Ca、Mn、Zn、Al、Y、Zr 和 Hf 的硼氢化物。反应方程式如下：

$$MCl_n+nLiBH_4 \longrightarrow M(BH_4)_n+nLiCl$$

8.7.3　硼氢化锆的用途

在受控热核反应装置中，降低中子产生的核热，保持环向场线圈的超导状态是非常重要的。硼氢化锆的氢核作为快速中子的缓释剂，可以作为先进的中子屏蔽材料，保护外部结构材料的激活，较大程度地降低放射性废物的产生。

对于亲电子或亲质子物质，硼氢化锆可以作为多用途且性能温和的还原剂。硼氢化锆还可以作为前驱体，采用加热、连续光波或脉冲激光的化学气相沉积方法制备硼化锆。硼氢化锆还可以作为制备中子吸收剂的原料，在

200~450℃条件下热分解，在核燃烧棒覆层内表面形成一层硼涂层。

使用锆硼氢化物插入硼氮烯聚合物，可以得到锆二硼化物陶瓷的前驱体聚合体，该前驱体在1150℃分解，生成自由氧、大量的氮化物以及非常细小的 ZrB_2，并且在1750℃下只存在 ZrB_2 晶相。

硼氢化锆可用作储氢材料、有机化学反应的还原剂（如硼氢化锆哌嗪是一种高效、热稳定的还原剂）、无机合成中的金属乙硼烷薄膜反应物的CVD前驱体，还可用于生产中子吸收薄膜、同位素分离过程和氢化、聚合反应等过程中。

8.8 硼氢化钇

硼氢化钇分子式为 $Y(BH_4)_3$，相对分子质量为133.43。硼氢化钇可用作固体储氢材料。

8.8.1 硼氢化钇的特性

硼氢化钇为黄色晶体。室温条件下，为单纯立方晶格，Y^{3+}形成扭曲的立方体，$[BH_4]^-$占据结构边的位置；在10MPa、氘气氛及温度475K下，硼氢化钇转变为高温相——面心立方晶格，中心原子为 Y^{3+}，八面体配位，如图8-10所示。表8-4为室温及高温条件下 $Y(BH_4)_3$ 的晶格参数。

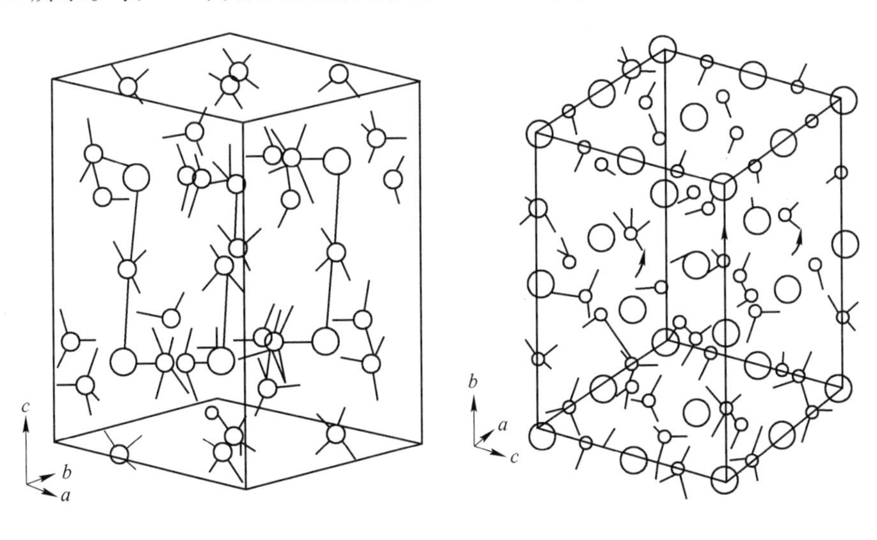

图8-10 $Y(BH_4)_3$ 晶体结构

（a）室温；（b）高温

表 8-4 不同温度下 $Y(BH_4)_3$ 的晶格参数

项 目	常 温	高 温
化合物	$Y(^{11}BH_4)_3$	$Y(^{11}BH_4)_3$
配位数 z	8	4
晶胞体积/nm^3	1.27810	1.33413
空间群	Pa3	Fm3c
晶格参数/nm	a=1.08522	a=1.10086
理论密度/$g \cdot cm^{-3}$	1.5123	2.8976

金属硼氢化物的热稳定性决定于阳离子向 $[BH_4]^-$ 提供电子的能力，当金属阳离子的鲍林（Pauling）电负性大于 1.4 时，该金属的硼氢化物在储氢时不稳定，而 $Y(BH_4)_3$ 的 Pauling 电负性为 1.2，所以相对比较稳定。

硼氢化钇储氢量为 9.1%（质量分数，下同），在 460K 左右开始脱氢[比 $LiBH_4$、$Mg(BH_4)_2$ 和 $Ca(BH_4)_2$ 要低]，在 475K 发生晶型转变，499K 开始熔化，升温至 773K 释放出 7.8%的氢气，通过热重及 X 衍射分析，硼氢化钇热分解经过多重反应步骤，其中伴随着中间相的形成以及部分吸氢的过程，如图 8-11 所示。因为脱氢的温度较低，所以硼氢化钇是潜在的储氢材料。

8.8.2 硼氢化钇的制备

Christoph Frommen 等人采用冷冻研磨机，以 $LiBD_4$ 和 YCl_3 为原料，按摩尔比 4∶1 配料，装入气密的不锈钢样品瓶中，将整个样品瓶浸入液氮中，样品瓶中的撞子在研磨频率为 30Hz 的磁场作用下，相当于 5min 每次反复冲撞 5h，将样品粉碎。利用专用的工具打开，得到产物 $Y(BH_4)_3$。反应方程式如下：

$$4LiBH_4+YCl_3 \longrightarrow Y(BH_4)_3+3LiCl+LiBH_4(\text{未反应})$$

Yan Yigang 等人以无水 YCl_3 和 $LiBH_4$ 为原料，在配料摩尔比 3∶1 及 0.1MPa 氩气氛下，行星磨球磨 2h 后转移到玻璃烧瓶中，加入二乙醚为溶剂，室温下回流反应 48h，过滤除去 LiCl，在 423K 下蒸干溶剂，得到黄色粉末状 $Y(BH_4)_3$。

这里选择二乙醚为溶剂的原因是：（1）$LiBH_4$ 和 YCl_3 能溶于二乙醚，增加了置换反应中离子交换的速度；（2）副产物 LiCl 难溶于二乙醚，易于分离；（3）易于除去二乙醚。反应式如下：

$$YCl_3+3LiBH_4 \longrightarrow Y(BH_4)_3+3LiCl$$

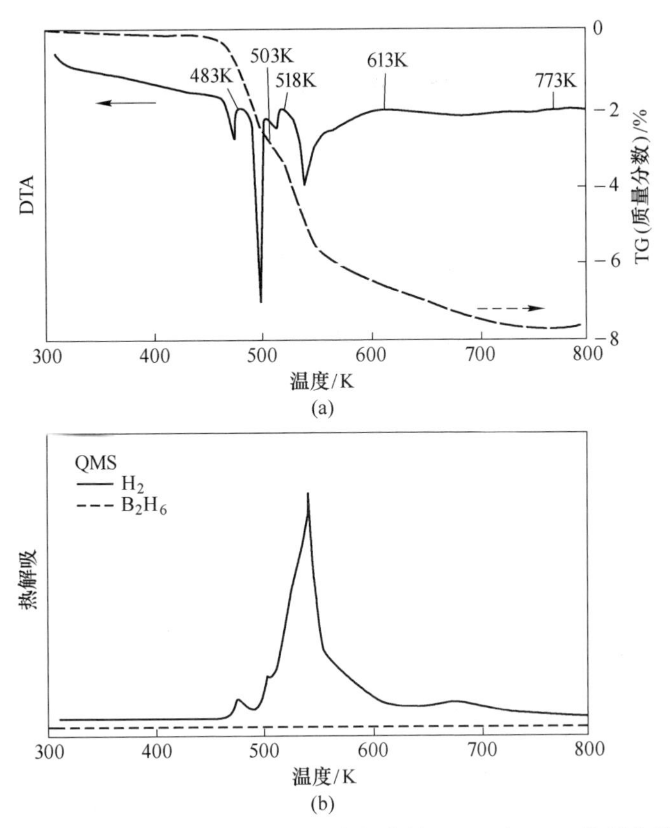

图 8-11　$Y(BH_4)_3$ 样品的 TG-DTA 分析曲线（a）和 QMS 分析曲线（b）

企 业 介 绍

南通鸿志化工有限公司简介

南通鸿志化工有限公司系中外合资企业，地处美丽富饶的长江三角洲，坐落在古镇林梓中心位置。西临204国道，东临通扬运河，水际交通十分便利。

公司成立于1992年，经过全体员工的不断努力、创造，至今已发展成为一家能同步生产多种化工原料的综合性企业。其产品经测试均符合国家部颁标准和药典标准，并通过了ISO 9001质量体系认证，证书注册号：1902Q10916ROS。

公司现拥有固定资产580万元，生产占地面积15000m^2，年产值1800万元。年生产优质硼氢化钾500多吨、硼氢化钠20多吨、硼酸三甲酯、三苯基膦等，产品畅销全国各地，远销韩国、美国及欧洲等国家和地区，深受国内外用户的好评和信赖。

科技创新、赶超先进，是我厂永恒的目标；以诚结友、互惠互利、诚信客户，是公司成功的发展之路。公司董事长钱兵荣先生热诚社会各界领导、专家、教授光临本公司结开友谊之花，喜获丰硕成果。

联 系 人： 钱兵荣

联系电话： 0513-7839124（7839587）、13306279226、13706279226

传　　真： 0513-7839134

联系地址： 江苏省如皋市林梓镇高阳西路1号

邮政编码： 226512

电子邮箱： qbr@ hxpharm. com、sales@ hzpharm. com

参考文献

［1］中国科技情报研究所．硼烷的制备［R］．北京：1958.

［2］潘春劳．高能硼烷燃料［M］．北京：国防工业出版社，1960.

［3］郑学家．硼化物生产与应用［M］．北京：化学工业出版社，2008：273~284.

［4］郑学家．新型含硼材料［M］．北京：化学工业出版社，2010.

［5］郑学家．硼化合物手册［M］．北京：化学工业出版社，2010：67~72.

［6］王建强．电化学还原偏硼酸钠制备硼氢化钠初探［M］．太原：太原理工大学出版社，2004.

［7］刘红．硼氢化钠储氢材料的制备与性能［D］.2009.

［8］吴光波，刘志平，等．硼氢化钠的制备手法及水解制备氢［J］．现代化工，2007，增刊（2）：504.

［9］刘宁红，韦小茵．硼氢化钠的性能与应用［J］．企业科技与发展，2009（4）.

［10］贵大勇，等．硼氢化钠（$NaBH_4$）在燃烧剂中的应用研究［J］．含硼材料，2007，15.

［11］李丛苏，等．硼氢化钠固相还原反应研究［J］．化学试剂，2005，27（12）：751~753.

［12］闫雷，等．硼氢化钠还原法处理化学镀镍废液［J］．化工环保，2002，22（4）：213~216.

［13］吴川，等．硼氢化钠水解制氢用铂基催化剂的研究［J］．现代化工，2006，26（2）：82~84.

［14］郑学家．硼氢化钠的湿法合成［J］．硼矿与硼化学品，2010，14：5~8.

［15］李丛芳，等．硼化钠的固体合成［C］//硼化物专家组．庆祝中国硼工业建立55周年硼化物论文集（下册）．硼矿与硼化学品，2010.

［16］车荣睿．硼氢化钠及其在化学化工上的应用［J］．广东化工，1983（3）：19.

［17］郑学家，郑吉岩．硼氢化钠的合成工艺及应用［J］．辽宁化工，1999，28（1）：55~56.

［18］刘志贤，等．硼氢化钠的性质及合成［J］．河北师范大学学报（自然科学版），1997（21）：70~74.

［19］韦小茵，等．硼酸盐电化学还原特性研究［J］．化工技术，2003，32（3）：1~4.

［20］韦小茵，张丽娟，梁锦进，等．硼酸盐电化学还原特性研究［J］．化工技术与开发，2003，32（3）.

［21］张翔，孙奎斌，周俊波．硼氢化钠水解制氢技术研究进展［J］．无机盐工业，2010，42（1）：9~12.

［22］王志远，周晶，高洪涛．硼氢化钠水解制氢研究进展［J］．化工技术与开发，

2009，38（4）：15～19.

[23] 叶威，张华民，董明全. 硼氢化钠水解给 PEMFC 供氢研究［J］. 电源技术，2009，33（6）：12～15.

[24] 刘红，李荣德. 副产物对硼氢化钠水解反应的影响［J］. 沈阳工业大学学报，2009，31（2）：182～185.

[25] 徐东彦，张华民，叶威. 硼氢化钠水解制氢［J］. 化学进展，2007，19（10）：1598～1605.

[26] 王书明，蒋利军，刘晓鹏，等. 硼氢化钠催化水解供氢的研究［J］. 电源技术，2006，30（10）：810～812.

[27] 肖钢，王玉晓. 一种硼氢化物制氢系统：中国，cn2008203000501［P］.

[28] Walter J C, et al. Sodium borohydride hydrolysis kinetics comparison for nickel, cobalt, and ruthenium boride catalysts [J]. Journal of Power Sources, 2008, 179 (1): 335～339.

[29] Atiyeh H, Davis B. Separation of sodium metaborate from sodium borohydride using nanofiltration membranes for hydrogen storage application [J]. International Journal of Hydrogen Energy, 2007, 32 (2): 229～236.

[30] Cakanylidirim C, Gürü M. Hydrogen cycle with sodium borohydride [J]. International Journal of Hydrogen Energy, 2008, 33 (17): 4634～4639.